数码摄影后期的 180 个问答

这样修
专业摄影师

视觉中国500px摄影社区
六合视界部落

编著

人民邮电出版社
北 京

图书在版编目（ＣＩＰ）数据

专业摄影师这样修：数码摄影后期的180个问答 /
视觉中国500px摄影社区六合视界部落编著. -- 北京：
人民邮电出版社，2021.8
ISBN 978-7-115-56496-2

Ⅰ. ①专… Ⅱ. ①视… Ⅲ. ①图象处理软件－问题解
答 Ⅳ. ①TP391.413-44

中国版本图书馆CIP数据核字(2021)第079968号

内 容 提 要

本书从 Photoshop 与 ACR 软件的配置和使用开始介绍，深入浅出地讲解摄影后期的四大基
石、摄影后期的五大核心原理、摄影后期的四大调整项、提升照片表现力的五大技法，以及比
较特殊的人像摄影后期技法等原理和知识。

本书内容由浅入深，并将大量的摄影后期知识总结为 180 个知识点，以问答（Q&A）的形
式进行呈现，为读者带来知识的量化学习体验，让读者的学习变得更有节奏感、更轻松。经过
对本书进行系统的学习，相信读者在面对照片的后期处理时不会茫然无措，可以顺利地开展精
彩万分的摄影后期创作之旅。希望通过阅读本书，读者的摄影后期水平提升有立竿见影的效果。

本书适合摄影爱好者、摄影从业人士阅读和参考。

◆ 编　　著　视觉中国 500px 摄影社区六合视界部落
责任编辑　杨　婧
责任印制　陈　犇

◆ 人民邮电出版社出版发行　　北京市丰台区成寿寺路 11 号
邮编　100164　　电子邮件　315@ptpress.com.cn
网址　https://www.ptpress.com.cn
天津市豪迈印务有限公司印刷

◆ 开本：690×970　1/16
印张：19.5　　　　　　　　　　　　2021 年 8 月第 1 版
字数：499 千字　　　　　　　　　　2021 年 8 月天津第 1 次印刷

定价：128.00 元

读者服务热线：**(010)81055296**　印装质量热线：**(010)81055316**
反盗版热线：**(010)81055315**
广告经营许可证：京东市监广登字 20170147 号

前言

精通数码摄影后期的阻力来自两个方面：其一，对 Photoshop、ACR 等后期软件不够熟悉；其二，缺乏一定的审美和创新能力。

大部分初学者遇到的困难主要在后期软件的学习上。要想真正掌握后期技术，不能太专注于后期软件的操作，而应该先掌握一定的后期理论知识。举一个简单的例子，要学习后期调色，如果先掌握了基本的色彩知识及混色原理，那后面的学习就很简单了——只需要几分钟就能够掌握调色的操作技巧，并牢牢记住。

学习后期技术，不但要"知其然"，还要"知其所以然"，这样才能真正实现后期技术的入门和提高！

当然，学习本书中的相关知识只是第一步，接下来可能还要努力提升美学修养和创新能力！

本书《专业摄影师这样修——数码摄影后期的180 个问答》是相关摄影丛书中的一本，读者如果要学习人像、风光等题材的前期拍摄技巧，或要学习构图与用光等专业的摄影知识，可以关注丛书中的其他图书：

《专业摄影师这样拍——数码摄影的 180 个问答》；

《专业摄影师这样拍——人像摄影的 180 个问答》；

《专业摄影师这样拍——风光摄影的 180 个问答》；

《专业摄影师这样拍——儿童摄影的 180 个问答》；

《专业摄影师这样拍——摄影构图的 180 个问答》；

《专业摄影师这样拍——摄影用光的 180 个问答》；

《专业摄影师这样拍——手机摄影的 180 个问答》（拍摄与后期完美版）。

读者在学习的过程中如果遇到疑难问题，可以与编者联系，微信号 381153438，QQ 号 381153438。另外，建议读者关注我们的微信公众号"深度行摄"（查找 shenduxingshe，然后关注即可），我们会不断发布一些有关摄影、数码后期和行摄采风的精彩内容。

目录

第 3 章
五大核心原理

第 4 章
风光摄影后期四大要点

第 5 章
提升照片表现力的五大技法

第 6 章
人像后期技法

第 1 章

零基础入门
Photoshop
与 ACR 软件

在正式学习摄影后期之前，需要掌握进行摄影后期处理所需要的 Photoshop 和 ACR 软件的一些基本设置方法与基本操作。

本章将介绍 Photoshop 与 ACR 的一些基本设置方法和基本操作，为后续的学习做好准备。

1.1
Photoshop 界面与基本操作

001 Photoshop启动界面如何设置?

安装 Photoshop 之后,打开软件会进入主界面。如果之前没有使用过 Photoshop 或新安装的 Photoshop 第一次启动,那么主界面就是空的。如果之前已经使用过 Photoshop,那么主界面中就会显示最近使用项,即显示照片的缩览图,如图 1-1 所示。在进行照片处理时,如果要打开之前使用过的照片,直接在主界面中单击其缩览图,就可以再次打开照片。

图 1-1

如果要打开其他照片,可以在主界面左侧单击"打开"按钮,然后在打开的"打开"对话框中选中要使用的照片,然后单击右下角的"打开"按钮即可,如图 1-2 所示。当然我们也可以将文件夹中要打开的照片直接拖入 Photoshop 主界面左侧的空白处,将照片打开。

图 1-2

打开照片之后，我们还可以设定关掉照片之后是否回到主界面。具体操作是，在"首选项"对话框的"常规"选项卡中勾选"自动显示主屏幕"复选框，然后单击对话框右上角的"确定"按钮。这样设置后，关掉照片，软件会自动回到主界面，如图1-3所示。

图 1-3

002 Photoshop功能是怎样分布的？

Photoshop 工作界面中有很多的菜单和按钮，如果我们理清了各个区域的功能，那么后续的学习会非常简单。图 1-4 中标注了 Photoshop 工作界面的功能版块，下面分别进行介绍。

①菜单栏。菜单栏集成了 Photoshop 绝大部分的功能，并且通过主菜单，我们可以对软件的界面设置进行更改。

②工作区。工作区用于显示照片，包括显示照片的标题、像素、缩放比例、照片画面效果等。进行照片处理时，要随时关注工作区中显示的照片。

③工具栏。工具栏中的工具用于辅助我们对照片进行调整，当然部分工具也可单独使用。

④选项栏。选项栏中的选项主要配合工具进行使用，包括限定工具的使用方式、设定工具的参数等。

⑤面板。该区域分布了大量展开的面板，并且有部分面板处于折叠状态。

⑥处于折叠状态的面板。

⑦最小化、最大化以及关闭按钮。

⑧快捷操作按钮。用于对工作界面或整个 Photoshop 进行搜索，或对界面布局进行设置等操作。

图 1-4

003 Photoshop工作界面如何设置?

安装 Photoshop 后,
初次打开一张照片,看到
的界面可能如图 1-5 所
示,界面中面板的分布及
工具栏中工具的分布有时
不能满足使用要求,这时
就可以将 Photoshop 的界
面设置为适合处理照片的
界面。

图 1-5

具 体 操 作 是, 在
Photoshop 界面右上角单
击打开工作区设置下拉菜
单,在其中选择"摄影",
就可以将 Photoshop 的界
面配置为摄影工作界面,
如图 1-6 所示。

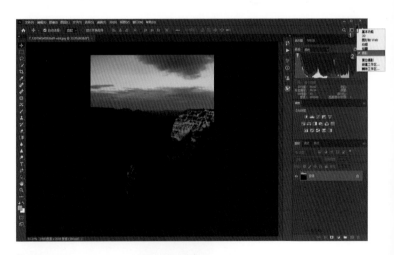

图 1-6

当然,打开"窗口"
菜单,在其中选择"工作
区"中的"摄影"命令,
也可以将 Photoshop 的界
面配置为摄影工作界面,
如图 1-7 所示。

图 1-7

004 Photoshop工具栏如何设定？

　　默认状态下，Photoshop 工具栏中的很多工具处于单个摆放状态，这样会导致工具栏特别窄、特别高，有时使用并不方便，因此可以对其进行一定的设置。

　　具体设置时，在工具栏底部单击并按住"编辑工具栏"按钮，在弹出的菜单中选择"…编辑工具栏"命令，打开"自定义工具栏"对话框，在其中我们可以看到许多工具被拆分，这种被拆分的工具会在工具栏中单独摆放，那么在此我们就可以设定将其折叠，如图 1-8 所示。

图 1-8

　　具体操作时，拖动想要折叠的工具到目标工具，出现蓝框之后松开鼠标，这样就可以将该工具和目标工具折叠起来，如图 1-9 所示。

图 1-9

014

经过拖动，我们将"修复画笔工具""修补工具""内容感知移动工具"等工具折叠在了一起。从工具栏中我们可以看到"污点修复画笔工具"右下角出现了一个三角形标记，单击按住该工具就可以展开这几种折叠的工具。

"自定义工具栏"对话框的右侧有一些不经常使用的工具，如果用户比较偏好使用一些比较特殊的工具，也可以将其拖动到左侧，这样这些工具就会显示在工具栏中，如图1-10所示。

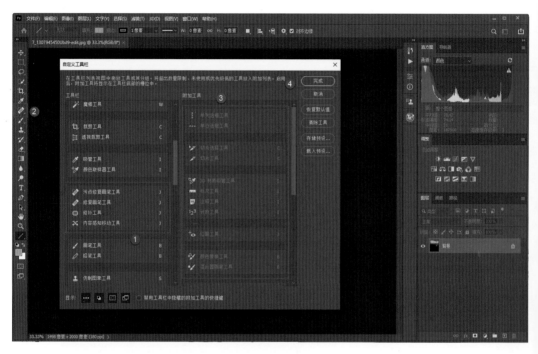

图 1-10

图 1-11

设置完成之后，单击"完成"按钮即可返回界面。对于工具栏，我们可以根据使用习惯单击上方的折叠按钮，将工具栏设置为双列显示，再次单击该按钮，工具栏会变为单列显示，如图1-11所示。

005 Photoshop面板如何设定?

　　对 Photoshop 主界面中的面板可以根据用户的使用习惯以及照片显示的状态进行摆放和调整。比如，我们可以拖动某个面板的标题栏，让其从停靠状态转变为漂浮状态。这里我们将"导航器"面板拖动到了工作区，如图 1-12 所示。

　　面板有折叠状态，对于处于折叠状态的面板，标题高亮显示的是当前展示的面板，标题非高亮显示是处于折叠状态的面板，如"图层""通道"和"路径"三个面板，可以看到"图层"面板高亮显示，而"通道"和"路径"面板处于折叠状态。

图 1-12

　　对于"漂浮"的面板，我们可以将其拖动到它原有的停靠位置，直到面板上方出现蓝框时，松开鼠标就可以将漂浮的面板归位，如图 1-13 所示。

　　对于"停靠"的面板，单击点住标题左右拖动它，可以改变这些面板的排列次序。如果要激活后台运行的面板，则单击其标题即可让其在最前端显示，而原有的在前台显示的面板会处于隐藏状态，如图1-14 所示。

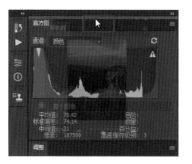

图 1-13

图 1-14

之前介绍过，面板一部分处于展开状态，一部分处于折叠状态。除系统自带的面板之外，还有一些第三方滤镜或插件，我们也可以让它们的面板停靠在竖条上，比如我们所安装的 TK 亮度蒙版这个插件，可以被固定在竖条上。

进行具体操作时，打开"窗口"菜单，在"扩展（旧版）"子菜单中选择"TK7 Rapid Mask"命令，就可以将这个亮度蒙版固定在竖条上。对于 Photoshop 中所有的面板，我们都可以通过"窗口"菜单进行打开或关闭。打开菜单之后，选择某个面板就可以将其开启。开启的面板处于被选中状态，取消选中相应的面板，就可以关闭面板，如图 1-15 所示。

图 1-15

针对面板的设置，笔者比较喜欢将"直方图"面板置于面板区域上方，"调整"面板置于中间，"图层"面板置于下方，而其左侧的停靠区用于放置"历史记录"面板、"信息"面板以及安装的第三方工具，如图 1-16 所示。

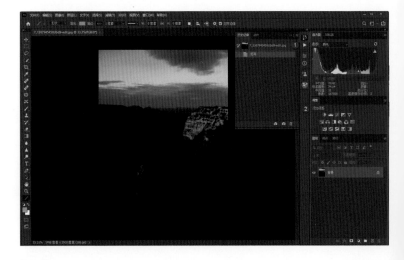

图 1-16

"直方图"面板默认以紧凑的方式显示，笔者比较喜欢让直方图显示为扩展视图，这样可以方便观察不同类型的直方图以及直方图的一些具体信息。操作时，单击"直方图"面板右上角的折叠菜单，在打开的菜单中选择"扩展视图"命令即可，如图1-17所示。

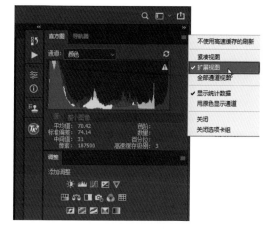

图 1-17

006 色彩空间如何设定？

在进行照片的处理时，色彩空间、位深度等是非常重要的，需要提前进行设定。

设置色彩空间时，在界面中打开"编辑"菜单，选择"颜色设置"命令，打开"颜色设置"对话框，在"工作空间"选项组中将"RGB"设定为"Adobe RGB（1998）"，然后单击"确定"按钮，这样就将软件工作色彩空间设定为 Adobe RGB 色彩空间了，如图1-18所示。这表示我们为软件这个处理照片的平台设定为一个比较大的色彩空间。当然此处也可以设定为"ProPhoto RGB"，它有更大的色域，但是 ProPhoto RGB 虽然有更大的色域，它的兼容性及普及性稍差，可能有些初学者不是特别能理解，可以进行单独的查询和学习。

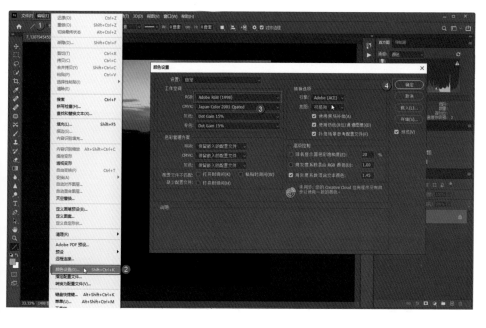

图 1-18

打开"编辑"菜单，选择"转换为配置文件"命令，打开"转换为配置文件"对话框，在其中将"目标空间"设定为"sRGB"IEC61966-2.1，然后单击"确定"按钮，如图 1-19 所示。这表示我们处理完照片之后，照片将以 sRGB 格式输出。sRGB 的色域相对小一些，但是它的兼容性非常好，配置为这种色彩空间之后，就可以确保照片在计算机、手机以及其他的显示设备中保持一致的色彩，而不会出现在手机中为一种色彩，在计算机中为另一种色彩的混乱情况。

图 1-19

007 色彩模式与位深度如何设定？

色彩模式与位深度的设定主要在"图像"菜单中进行。具体操作时，打开"图像"菜单，选择"模式"，在展开的子菜单中勾选"RGB 颜色"和"8 位 / 通道"，如图 1-20 所示。"RGB 颜色"是日常浏览以及处理照片时所使用的一种最重要的色彩模式，"CMYK 颜色"主要用于印刷，而"Lab 颜色"是一种用于衔接数码设备显示与印刷的一种色彩模式。通常情况下，设定为"RGB 颜色"模式即可。

位深度一般设定为"8 位 / 通道"，通常情况下，位深度越大越好，但是它与色彩空间相似，比较大的位深度对软件的兼容不是太理想，Photoshop 中绝大多数功能对 8 位通道的支持性更好，如果设定为 16 位或 32 位通道，那么很多功能是不支持的。

图 1-20

008 照片尺寸如何设定？

　　照片处理完毕之后，如果我们要缩小照片尺寸，用于在网络上分享，那么可以打开"图像"菜单，选择"图像大小"命令，如图 1-21 所示，打开"图像大小"对话框，在其中修改照片的尺寸。

图 1-21

　　默认状态下照片的长宽比处于锁定状态，比如我们设定照片的"高度"为 2000，那么照片的"宽度"就会根据原始照片的长宽比自动进行设定，如图 1-22 所示。

图 1-22

　　如果我们要改变照片的长宽比，那么可以单击照片尺寸左侧的链接按钮，当链接按钮上方和下方的连接线呈灰色，则表示图片的长宽比不再锁定，我们可以根据自己的需求来改变照片的宽度和高度。比如，此处我们将照片的"高度"改为了 1000，但是"宽度"并没有随之变化，这是因为我们解除了照片尺寸调整的锁定状态，如图 1-23 所示。

图 1-23

009 照片画质如何设定？

处理完照片进行保存，打开"文件"菜单，选择"存储为"命令，打开"另存为"对话框，在其中设定保存的格式，大多数情况下保存类型为 JPEG 格式，文件名之后会有 .jpg 或 .JPG 的扩展名。

在"另存为"对话框右下方可以看到，"ICC 配置文件"为 sRGB，如图 1-24 所示，这是因为我们在保存照片之前进行过色彩空间的配置，表示照片采用的是 sRGB 色彩空间。然后单击"保存"按钮，这样会打开"JPEG 选项"对话框，如图 1-25 所示。

图 1-24

在"JPEG"对话框中我们可以设置要保存的照片的画质，"图像选项"选项组中的照片的"品质"可以被设定为 0 到 12 共 13 个等级，数字越大画质越好，数字越小画质越差。一般情况下，我们可以将照片品质设置为 10 到 12，但通常没有必要保存为 12。如果保存为 12，从右侧的"预览"项中就会看到照片非常大，比较占空间。设定好之后单击"确定"按钮，如图 1-25 所示。

这样我们就完成了照片从打开到配置，再到保存的整个过程。

图 1-25

1.2
认识照片格式

010 JPEG格式如何使用？

　　JPEG 格式是摄影师最常用的照片格式，扩展名为 .jpg（之前已经介绍过，读者可以在计算机内设定为以大写字母或小写字母的方式来显示扩展名，图中所示便是以小写字母显示）。因为 JPEG 格式的照片在高压缩性能和高显示品质之间找到了平衡，用通俗的话来说即 JPEG 格式的照片可以在占用很小空间的同时，具备很好的显示品质。并且，JPEG 格式是普及性和用户认知度都非常高的一种图片格式，计算机、手机等设备自带的读图软件都可以"畅行无阻"地读取和显示这种格式的照片。对于摄影师来说，几乎无论什么时候都要与这种照片格式打交道。

　　从技术的角度来讲，JPEG 格式的相关技术可以把文件压缩得很小。在 Photoshop 中将照片以 JPEG 格式存储时，提供了 13 个压缩等级，以 0 ～ 12 表示。其中 0 级的压缩比最高，图像品质最差。以 12 级压缩时，压缩比就会很小，这样照片所占的磁盘空间会很大。在手机、计算机屏幕中观看的照片往往不需要太高的质量，占用较小的存储空间和拥有相对高质量的画质就是我们追求的目标了，因此我们选择 JPEG 格式作为最常用的一种格式，它既能满足在屏幕上观看高质量照片的要求，又可以大幅缩小图片占用的存储空间。

　　很多时候，照片压缩等级为 8~10 时可以获得存储空间与图像质量兼得的较佳比例，而如果照片有用于商业或印刷等需求，一旦保存为 JPEG 格式，那么建议采用压缩比较低的等级——12 进行存储。

　　对于大部分摄影爱好者来说，无论最初拍摄照片时采用了 RAW、TIFF、DNG 格式，还是曾经将照片保存为 PSD 格式，最终在计算机上浏览、在网络上分享时，通常还是要转换为 JPEG 格式，如图 1-26 所示。

图 1-26

011 RAW格式与XMP格式如何使用？

从摄影的角度来看，RAW 格式与 JPEG 格式是绝佳的搭配。RAW 格式是数码单反相机的专用格式，它保存了相机的感光元件互补金属氧化物半导体（Complementary Metal-Oxide-Semiconductor，CMOS）或电荷耦合器件（Charge-Coupled-Device，CCD）将捕捉到的光信号转化为数字信号的原始数据。RAW文件记录了数码相机传感器的原始信息，同时记录了由相机拍摄所产生的一些原始数据（如感光度、快门速度、光圈值、白平衡等）。RAW 格式是未经处理、未经压缩的格式，可以把 RAW 格式概念化为"原始图像编码数据"，或更形象地称为"数字底片"。不同的相机有不同的格式，如 .NEF、.CR2、.CR3、.ARW 等。

因为 RAW 格式保留了摄影师创作时的所有原始数据，没有经过优化或压缩而产生细节损失，所以特别适合作为后期处理的底稿使用。

相机拍摄的 RAW 格式文件用于进行后期处理，最终转换为 JPEG 格式照片用于在计算机上查看和在网络上分享。所以说，这两种格式是绝配！

在几年前，计算机自带的看图软件往往是无法读取 RAW 格式文件的，并且许多其他看图软件也不行（当然，现在已经几乎不存在这个问题了）。从这个角度来看，RAW格式的日常使用是多么不方便。在Photoshop中，RAW 格式文件需要借助特定的增效软件 Adobe Camera Raw（简称ACR）来进行读取和后期处理，如图 1-27所示。

图 1-27

TIPS

用数码单反相机拍摄的 RAW 格式文件是加密的，它有自己独特的算法。相机厂商推出新机型后的一段时间内，作为第三方的 Adobe 公司（开发 Photoshop 与 Lightroom 等软件的公司）尚未破解新机型的 RAW 格式，用户是无法使用 Photoshop 或 Lightroom 读取相应文件的。只有在一段时间之后，Adobe 公司破解该机型的 RAW 格式后，用户才能使用 Photoshop 或 Lightroom 软件进行处理。

如果利用 ACR 对 RAW 格式文件进行处理，那么在文件夹中会出现一个与原文件同名的文件，但文件扩展名是 .xmp，如图 1-28 所示。该文件无法打开，其格式是不能被识别的文件格式。

其实，XMP 格式文件是一种操作记录文件，它记录了我们对 RAW 格式文件的各种修改和参数设定操作，是一种经过加密的文件。正常情况下，该文件所占空间非常小，几乎可以忽略不计。但如果删除该文件，用户对 RAW 格式文件所进行的处理和操作就会消失。

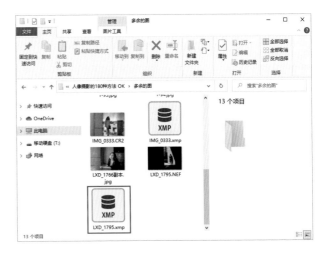

图 1-28

012 RAW格式的优势有哪些？

在后期处理方面，RAW 格式比 JPEG 格式到底强在哪里？

1.RAW 格式文件保留了所有原始信息

RAW 格式文件就像一块未经加工的石料，将其压缩为 JPEG 格式的文件，就像将石料加工为一座人物雕像。相信这个比喻可以让读者很直观地了解 RAW 格式与 JPEG 格式的一些差别。在实际应用方面，将 RAW 格式文件导入后期处理软件，用户可以直接调用日光、阴影、荧光灯、日光灯等各种原始白平衡模式，获得更为准确的色彩还原，还可以如同在相机内设置照片风格（尼康单反相机中被称为优化校准）一样，在 ACR 中设置照片的风格。JPEG 格式文件则不行，其已经在压缩过程中自动设定了某一种白平衡模式。另外，在 RAW 格式文件中，用户可以对照片的色彩空间进行设置，而不像 JPEG 格式文件那样，已经自动设置了某种色彩空间（以 sRGB 色彩空间为主），如图 1-29 所示。

图 1-29

2. 更大的位深度，确保有更丰富的细节和动态范围

打开一个 RAW 格式文件，对照片进行大幅度的影调调整之后，画面整体发生了明暗变化，追回了更多的暗部和高光区域的细节。针对 JPEG 格式文件进行这种处理时，暗部和高光区域的细节是无法追回太多的，如图 1-30 所示。

图 1-30

另外，我们对拍摄的 JPEG 格式照片进行明暗对比度调整时，经常会出现明暗过渡不够平滑、有明显断层的现象。这是因为 JPEG 格式是压缩后的照片格式，已经有太多的细节损失了。图 1-31 所示的图片处理后，天空部分的过渡就不够平滑，出现了大量的波纹状断层。

图 1-31

　　之所以 RAW 格式文件能追回细节，而 JPEG 格式文件不行，主要是因为 RAW 格式文件与 JPEG 格式文件的位深度不同。JPEG 格式文件的位深度是 8 位，而 RAW 格式文件的位深度则是 12 位、14 位或 16 位。

　　JPEG 格式文件的位深度为 8 位，用通俗的话来说，即 R、G、B 三个色彩通道（色彩也是有明暗的，在第 3 章将详细介绍）分别用 2^8 级亮度来表现。例如，我们在 Photoshop 中调色或调整明暗影调时可以发现有 0~255 级亮度，如图 1-32 所示，说明所处理的照片有 256 级亮度。R、G、B 三个色彩通道分别都有 256 级亮度，三种颜色任意组合，那么一共可组合出 256×256×256=16 777 216 种颜色，人眼大约能够识别 1600 万种颜色，两者大致能够匹配。

图 1-32

　　再来看 RAW 格式文件，它与 JPEG 格式文件的差别就很大了。RAW 格式文件一般具有 12 位或更高的位深度，假设它有 14 位的位深度，那么 R、G、B 3 色通道分别具有 2^{14} 级亮度，最终构建出来的颜色数是 4 398 046 511 104，如此多的颜色数，远远超过了人眼能够识别的数量，这样的好处就是给后期处理带来了更大的余地，而不会轻易出现像 8 位位深度的照片宽容度不够的问题，如稍提高曝光值就会出现高光处过曝而损失细节的情况等。要注意的一点是，RAW 格式文件在转化为 JPEG 格式文件时，位深度会转化为 8 位。

013 什么是DNG格式？

如果理解了RAW格式，就很容易弄明白DNG格式。DNG格式也是一种RAW格式，是Adobe公司开发的一种开源的RAW格式。Adobe公司开发DNG格式的初衷是希望破除日系相机厂商在RAW格式方面的技术壁垒，实现统一的RAW格式标准，不再有细分的CR2、NEF格式等。该格式虽然有哈苏、莱卡及理光等厂商的支持，但佳能及尼康等厂家并不买账，所以Adobe公司并没有实现其开发的初衷。

当前，Adobe公司的Lightroom默认将RAW格式文件转为DNG格式文件进行处理，这样做的好处是，可以不必产生额外的XMP记录文件，所以用户在使用Lightroom进行原始文件处理之后，是看不到XMP记录文件的；另外，在使用DNG格式文件进行修片时，处理速度可能要快于一般的RAW格式文件。但是DNG格式的缺陷也是显而易见的，兼容性就是一个大问题，当前主要是Adobe公司旗下的软件在支持这种格式，其他的一些后期软件可能并不支持。

在Lightroom的首选项中，可以看到该软件是以DNG格式对文件进行处理的，如图1-33所示。

图1-33

014 PSD格式和TIFF格式如何使用？

PSD格式是Photoshop的专用文件格式，文件的扩展名是.psd，是一种无压缩的格式，它也可以称为Photoshop的工程文件格式（通常在计算机中双击PSD格式文件，会自动打开Photoshop进行读取）。由于该格式文件可以记录所有之前处理过的原始信息和操作步骤，因此对于尚未处理完成的图像，选用PSD格式保存是最佳的选择。保存以后再次打开PSD格式的文件，之前编辑的图层、滤镜、调整图层等处理信息还存在，可以继续修改或者编辑，如图1-34所示。

因为保存了所有的操作信息，所以PSD格式文件往往非常大，并且通用性很差，只能使用Photoshop读取和编辑，使用不便。

图1-34

　　从对照片编辑信息的保存完整程度来看，TIFF（Tag Image File Format）格式文件与 PSD 格式文件很像。TIFF 格式文件是由 Aldus 和 Microsoft 公司为印刷、出版开发的一种较为通用的图像文件格式，扩展名通常为 .tif。虽然 TIFF 格式是现存图像文件格式中非常复杂的一种，但它支持在多种计算机软件中进行图像运行和编辑。

　　当前几乎所有的专业照片打印，如印刷作品集等大多采用 TIFF 格式。以 TIFF 格式存储的文件会很大，但可以完整地保存图片信息。从摄影师的角度来看，如果我们要在确保图片有较高通用性的前提下保留图层信息，可以将照片保存为 TIFF 格式；如果我们对照片有印刷需求，也可以考虑保存为 TIFF 格式。更多时候，我们使用 TIFF 格式主要是看中其可以保留照片处理的图层信息，如图 1-35 所示。

图 1-35

　　PSD 格式是工作用文件格式，而 TIFF 格式更像是工作完成后输出的文件格式。最终完成对 PSD 格式文件的处理后，输出为 TIFF 格式，确保在保存大量图层及编辑操作的前提下，能够有较强的通用性。例如，假设我们对某张照片的处理没有完成，但必须要"出门"了，则将照片保存为 PSD 格式，回家后可以重新打开保存的 PSD 格式文件，继续进行后期处理；如果出门时保存为 TIFF 格式，肯定会产生一定的压缩，再打开后就无法进行延续性很好的处理。如果对照片已经处理完毕，又要保留图层信息，那保存为 TIFF 格式则是更好的选择；但此时如果保存为 PSD 格式，则后续的使用会处处受限。

015 GIF格式与PNG格式如何使用？

使用 GIF 格式可以存储多幅彩色图像。如果把存于一个文件中的多幅图像数据逐幅读出并显示到屏幕上，就可构成一种最简单的动画。当然，也可能是一种静态的画面。

GIF 格式自 1987 年由 CompuServe 公司提出后，因其体积小、成像相对清晰，特别适用于初期慢速的互联网，而大受欢迎。当前很多网站首页的一些配图就是 GIF 格式的。将 GIF 格式的图片载入 Photoshop，可以看到它是由多个图层组成的，如图 1-36 所示。

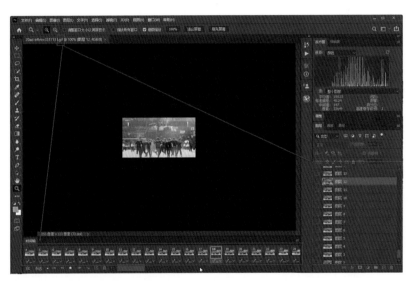

图 1-36

相对来说，PNG（Portable Network Graphic）是一种较新的图像格式，其设计目的是试图替代 GIF 和 TIFF 格式，同时增加一些 GIF 格式所不具备的特性。

对于摄影用户来说，PNG 格式最大的优点在于其能很好地保存并支持透明效果。我们抠取出主体景物或文字，删掉背景图层，然后将照片保存为 PNG 格式，将该 PNG 格式的照片插入 Word 文档、PPT 文档或嵌入网页时，它会无痕地融入背景，如图 1-37 所示。

图 1-37

1.3
ACR 载入照片的 5 种方式

在摄影或后期学习中，你可能会遇到一些初学者会有这样的问题"怎样打开 ACR？""JPEG 格式照片也能使用 ACR 进行处理吗？"这里一次性地介绍多种从 Photoshop 中进入 ACR 的方式。无论是处理 RAW 格式原片，还是处理 JPEG 格式照片，均可以轻松进入 ACR，对照片进行处理。

016 怎样直接拖动照片在ACR中打开？

针对 RAW 格式原片，无论是佳能的 .CR2 格式、尼康的 .NEF 格式，还是索尼的 .ARW 格式，只要 ACR 的软件版本足够高，那么先打开 Photoshop，然后直接将 RAW 格式原片拖入 Photoshop，就可以自动进入 ACR 处理界面，如图 1-38 所示。

图 1-38

017 如何借助Bridge将照片载入ACR?

针对 JPEG 格式照片。打开 Photoshop，在"文件"菜单中选择"在 Bridge 中浏览"菜单命令，打开 Bridge 界面，找到要处理的照片，右键单击该照片，选择"在 Camera Raw 中打开"命令，即可将该照片载入 ACR，如图 1-39 所示。

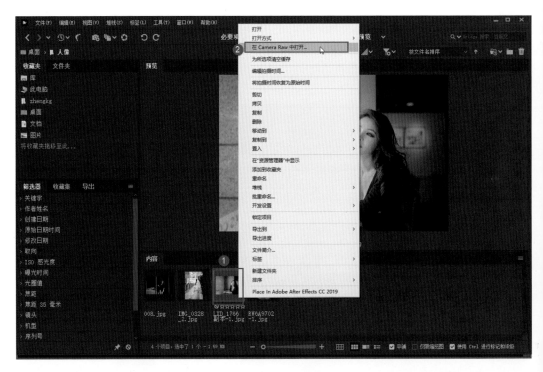

图 1-39

018　如何设定单张JPEG格式照片以RAW格式打开？

针对JPEG格式照片。打开Photoshop，在"文件"菜单中选择"打开为"命令，在弹出的"打开"对话框中，选中要打开的照片，然后在右下角的格式下拉列表框中选择"Camera Raw"，最后单击"打开"按钮，即可将照片在ACR中打开，如图1-40所示。

图 1-40

019　Camera Raw滤镜怎样使用？

针对JPEG格式照片。先在Photoshop中打开要处理的JPEG格式照片，然后在"滤镜"菜单中选择"Camera Raw 滤镜"，就可以在ACR中打开该JPEG格式照片，如图1-41所示。

需要注意一点，在"滤镜"菜单中选择"Camera Raw 滤镜"可以将照片载入Camera Raw 滤镜，但通过该操作进入的界面与采用其他方式进入的不同，功能也不尽相同。如利用"滤镜"菜单进入的Camera Raw 界面，虽然大部分功能可以使用，但缺少裁剪、拉直等工具。相对来说，还是彻底进入ACR后能够实现的功能更全面一些；通过"滤镜"菜单进入虽然更为快捷，但是有部分功能的使用会受到限制。

图 1-41

020 如何在ACR中批量打开JPEG格式照片？

如果想让拖入 Photoshop 的 JPEG 格式照片直接在 ACR 中打开，或者想要一次性打开多张 JPEG 格式照片，那下面这种打开方式必须要掌握。

打开 Photoshop，打开"编辑"菜单，在其底部选择"首选项"，再选择"Camera Raw"，在打开的"Camera Raw 首选项"对话框中，单击"文件处理"选项卡，在"JPEG 和 TIFF 处理"选项组的"JPEG"下拉列表中选择"自动打开所有受支持的 JPEG"，然后单击"确定"按钮即可，如图 1-42 所示。

图 1-42

这样无论选中几张 JPEG 格式照片，拖入 Photoshop 后，就会自动将它们载入 ACR，如图 1-43 所示。

图 1-43

1.4
ACR 基本操作

021 ACR插件有哪些优势?

　　ACR 是 Adobe 公司为 Photoshop 增配的专用于处理 RAW 格式文件的一款插件。之所以不称之为软件，是因为 ACR 需要依附于 Photoshop 存在，是内置在 Photoshop 中的。因此它也被称为 Photoshop 的增效工具。这款工具处理照片的内核与 LightRoom 基本上一致，所以说 ACR 的功能是非常强大的，并且除可以处理 RAW 格式文件之外，它还可以对 JPEG、TIFF 等其他大量的文件格式进行处理。从功能分布来看，ACR 可以"一站式"对照片进行从打开到批处理再到照片全局和局部的调整等整个后期处理过程，并且它的功能分布更为集中，因为 Photoshop 虽然功能强大，但是它的功能相对来说比较分散，并且有些功能实现起来不是特别直观，需要有一定基础才能使用，但 ACR 可以让用户零基础进行后期处理，也就说它的功能更易懂、更直观。

　　从界面的分布来看，我们打开一张 RAW 格式照片，在右侧就可以看到有对照片影调进行处理的基本面板，有对色调进行处理的混色器及颜色分级，有对局部进行处理的调整画笔、径向滤镜、渐变滤镜，还有可对照片进行降噪和锐化处理的细节面板等，这些功能基本集中在一个区域，并且它的功能设定得非常直观，这是 ACR 非常大的优势，如图 1-44 所示。总结一下，简单易懂和功能集中是 ACR 最主要的两个优势。

图 1-44

022 ACR功能是怎样分布的？

在打开的 ACR 工具中，我们可以看到图 1-45 所示的几个主要的工作区。

①标题栏，标明了 ACR 的版本。

②工作区，用于显示照片的画面效果以及标题。处理照片时，要随时注意观察照片效果，根据照片效果进行调整。

③直方图，直方图对应的是照片的明暗以及色彩分布。

④面板区，集中了大量面板，这些面板也是对照片进行处理的主要"阵地"。

⑤工具栏，工具栏中有 3 个非常重要的工具，分别是调整画笔、径向滤镜和渐变滤镜。

⑥照片配置文件，它与相机中的照片风格设定文件基本上是对应的。

⑦胶片窗格，用于显示照片的缩览图。在 ACR12.3 及之前的版本中，胶片窗格是居左放置的，但在之后的版本中胶片窗格被默认放到工作区的下方，当然我们也可以对其进行配置，将其移到工作区的左侧。

⑧显示照片的缩放比例，并可以控制画面的布局以及对比照片处理前后的效果等。

⑨"打开""完成""取消"等按钮。

⑩用于控制软件界面的最大化或窗口状态，并可以对画面的功能进行一定的设置，还有"保存图像"按钮。

图 1-45

023 ACR与Camera Raw滤镜有哪些区别？

在 Photoshop 中 有
ACR 这款增效工具。我们
在 Photoshop 中处理照片
时，还可以通过"滤镜"
菜单进入 Camera Raw 滤
镜，Camera Raw 滤镜与
ACR 工具，在照片处理
方面使用的功能是完全一
样的。

使用完整的 ACR 增
效工具打开照片后的界面
如图 1-46 所示。

图 1-46

使用 Camera Raw 滤
镜打开的界面如图 1-47
所示。

图 1-47

这里我们针对同一张照片，分别用 ACR 工具和 Camera Raw 滤镜打开，通过对比可以看到，二者下方的
按钮不同，处理过照片之后，在 ACR 工具中我们可以单击"打开"或"完成"按钮直接退出，但 Camera Raw
滤镜中只有"确定"和"取消"两个按钮，单击"确定"按钮可以返回主界面，单击"取消"按钮则取消调整。

除此之外，在工具栏中，ACR 工具还多出"快照"和"裁剪工具"等几种比较常用的工具。因为
Camera Raw 滤镜只是 Photoshop 内置的一种滤镜，若要使用裁剪工具，需要在工具栏中选择使用。所以说
从整体来看，Camera Raw 滤镜和 ACR 工具对于照片影调、色彩等的处理基本一致，但它不能对照片进行裁
剪或关闭等操作。

024 如何用ACR批处理照片？

之前我们所介绍的利用 ACR 进行照片处理，都是针对单独的某张照片的。即便是要快速处理大量照片，往往也需要将单独的照片处理好之后，再打开下一张照片，利用预设功能进行快速的处理。这其实仍然很麻烦了，需要逐张进行操作。

其实，ACR 是具备多照片同时处理功能的。因为本次我们批处理的是 JPEG 格式照片，所以在将其拖入 Photoshop 之前，先在"Camera Raw 首选项"对话框中确认已经设定了用"自动打开所有受支持的 JPEG"，如图 1-48 所示。

设定好之后，按住 Ctrl 键，在图库文件夹中分别点选同场景中色彩、曝光等都相似的多张 JPEG 格式文件，然后向 Photoshop 内拖动。

图 1-48

拖入 Photoshop 后，这些照片会同时在 ACR 中打开，照片的缩览图会显示在 ACR 的左侧。单击只选中某一张照片，即可对该照片进行处理。也就是说，用户只要对这张照片进行全方位的处理即可，而不必关注打开的其他照片，如图 1-49 所示。

处理后，在左侧的缩览图中可以看到图片底部右侧是后期处理的标记，而缩览图的效果会跟随工作区中照片同步变化。

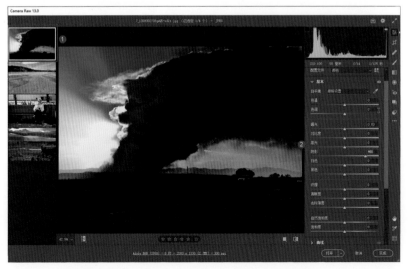

图 1-49

接下来，在左侧缩览图列表上方，单击打开下拉列表，在该列表中选择"全选"，将ACR中打开的所有照片都选中，如图1-50所示。

图 1-50

当然，你也可以按Ctrl+A组合键直接全选这些照片，还可以单击工作区左下角的折叠菜单按钮，打开菜单，选择"全选"命令，如图1-51所示。

全选所打开的照片后，单击鼠标右键，在打开的快捷菜单中选择"同步设置"选项，如图1-52所示。

图 1-51

图 1-52

此时会打开"同步"对话框，在该对话框中，可以看到"白平衡""曝光值""锐化"等几乎所有能对照片进行调整的参数对应的复选框都被勾选，这样自然就会包括我们之前进行处理的参数。至于我们没有进行调整的参数，即便勾选也不会有影响。

唯一需要注意的是，底部的"裁剪""污点去除""局部调整"这三个参数的复选框不能勾选，因为对每张照片的裁剪肯定是不一样的，并且污点位置也不会一样。

接下来，单击"确定"按钮即可，如图1-53所示。

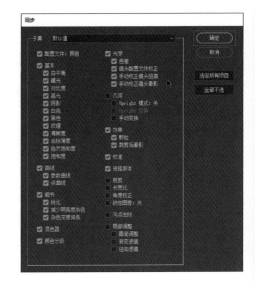

图 1-53

将对一张照片进行的调整同步到其他照片，表示将所做的修改都套用到了其他照片上，这样打开的所有照片就都完成了相同的调整。

这样，照片就都处理完了，接下来用户可以在左侧缩览图列表中分别选中不同的照片查看处理效果，如果对某些效果不满意，还可以进行一些微调。

处理完毕后，保持照片为全选状态。

①单击界面右上角的存储图像按钮，打开"存储选项"对话框。在其中对存储选项进行设定，如图1-54所示。

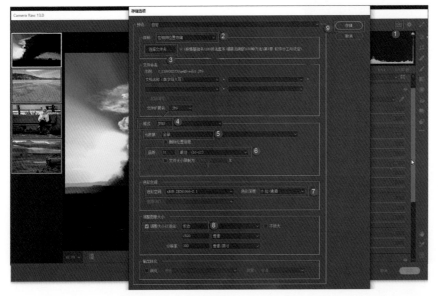

图 1-54

下面介绍"存储选项"对话框内主要选项的含义及用途。

②默认"在相同位置存储"，表示文件保存的位置是原图所在文件夹。

③如果要更换存储位置，可单击"选择文件夹"按钮，重新选择存储位置。

④将照片保存时，格式是指照片类型，扩展名是格式的后缀。例如，JPEG 是照片格式，其扩展名（后缀）为 .jpg。另外，对于扩展名来说，也可以使用大写的形式，如 .JPG。

⑤用于设定是否删除照片的 Exif 信息，具体包括光圈、快门速度、感光度等参数值信息。

⑥品质：品质一共为 0~12 共 13 个等级。品质越高，照片画质越细腻，细节越丰富，所占空间也越大。一般来说，将照片品质设定为 8~10 即可兼顾画质与所占空间。

⑦色彩空间与位深度：这两个概念已经进行过详细介绍，这里不赘述。大多数情况下，只要没有印刷需求，设定为 sRGB、8 位位深度即可。

⑧尺寸设定与品质有相似之处，尺寸较大时，可以方便用户放大观察照片细节，并且在冲洗时可以得到更大的纸制品尺寸。尺寸越大，照片所占空间越大。

上述选项都设定完毕后，单击"存储"按钮，即可完成照片的保存。

1.5
Photoshop 与 ACR 的经验性操作

025 Photoshop中缩放照片有哪三种方式？

在 Photoshop 中打开照片，如果要缩放照片，可以在工具栏中选择放大和缩小工具，然后在上方的选项栏中选择放大或者缩小工具，移动鼠标指针到照片上并单击，就可以放大或缩小照片，如图 1-55 所示。但是这种操作比较烦琐，并且有时我们可能已经开启了其他的功能或正在使用其他的工具，这时是没有办法再选择缩放工具的，那就可以通过其他方式，在使用其他功能的状态下来缩放照片。

图 1-55

缩放照片的第二种方式是在"首选项"对话框中，切换到"工具"选项卡，勾选"用滚轮缩放"复选框，然后单击"确定"按钮，如图 1-56 所示。这样返回 Photoshop 工作界面后，只要滚动鼠标上的滚轮，就可以放大或缩小照片，非常方便。

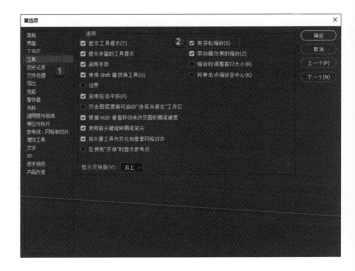

图 1-56

缩放照片的第三种方式则是用键盘控制，如果我们要放大或缩小照片，可以按 Ctrl++ 组合键或 Ctrl+- 组合键，就可以分别放大和缩小照片。如果我们要将照片缩放到与软件工作区相符合的比例，那么可以直接按 Ctrl+0 组合键，如图 1-57 所示。

图 1-57

026 "抓手工具"与其他工具怎样切换？

照片放大之后，
我们看到的可能是照
片的局部，如果要看
照片放大状态下的其
他部分，可以在工具
栏中选择"抓手工
具"，然后拖动照片，
如图 1-58 所示。

图 1-58

这里同样会存在一个问题，我们在使用其他工具时，如果要观察不同的照片区域，由于不能停止使用当前工具，所以就很不方便。这时我们可以按住键盘上的空格键，此时所使用的工具会暂时切换为"抓手工具"，拖动照片就可以查看不同的照片区域，松开空格键，则自动切换回我们正在使用的工具，这样非常方便。

比如说我们正在使用"套索工具"建立选区，选区建立到一半时，我们要观察不同的照片区域，一旦在工具栏中选择"抓手工具"，之前建立的选区就会取消，所以此时是不能在工具栏中选择"抓手工具"的。

这时按住空格键，鼠
标指针变为抓手状
态，拖动照片就可以
查看照片其他区域。
松开空格键之后，软
件就会自动切换回
"套索工具"，我们
之前建立的选区和工
具的状态都不会受到
任何影响，如图 1-59
所示。

图 1-59

027 如何快速放大与缩小画笔？

我们在使用画笔调整蒙版或进行其他操作时，如果要调整画笔的大小，可以在上方选项栏中打开画笔设置面板，在其中改变画笔的大小。当然也可以在工作区单击鼠标右键，打开画笔参数调整面板，然后拖动滑块或输入参数进行更改，但这种操作非常麻烦，且浪费时间，如图 1-60 所示。

图 1-60

实际上有一种非常简单的方法，可以帮我们快速调整画笔大小。具体操作是，将输入法切换为英文状态，在键盘上按【或】键，就可以缩放画笔，如图 1-61 所示。

图 1-61

028 前景色与背景色怎样设置?

在工具栏下方,有两个色块,分别是前景色与背景色,前景色可以用于给画笔设定颜色;背景色,则可以让我们很轻松地使用渐变工具等。设定前景色与背景色的操作非常简单,将鼠标指针移动到上方的色块即前景色上并单击,打开拾色器对话框,在其中可以设定前景色。而要设定背景色时,单击下方的色块,打开拾色器对话框,在其中进行设置即可。

在拾色器对话框标题栏中可以看到我们当前设定的是背景色还是前景色,这里设定的是背景色。在色块右侧的色条上上下拖动滑块,可以选择我们想要的主色调,然后在左侧选择具体的颜色。当然也可以在对话框右侧输入不同的 RGB 值来进行设置,要使用此方式设置颜色,可能需要摄影师有非常熟练的软件应用能力。

实际上对于前景色与背景色,设置为纯白色与纯黑色的情况是比较多的。设置为纯白色时,只要向色块左上角拖动鼠标即可;如果要设置为纯黑色,则向左下角拖动鼠标即可。最后单击"确定"按钮,这样就设置好了前景色或背景色,如图 1-62 所示。

图 1-62

第 2 章

摄影后期四大
基石

进行摄影后期处理时，Photoshop 中有四种功能始终贯穿于整个后期处理过程，这四大功能分别是图层、蒙版、选区和通道。这四种功能可能无法单独实现某种特殊的后期效果，但与其他调色或影调调整功能结合起来，就能实现非常完美的后期效果，可以说这四种功能是摄影后期的四大基石。本章我们将对这四种功能的原理、工作方式和操作技巧等进行介绍，为后续的学习打下良好的基础。

2.1
图层

029 图层的作用与用途是什么？

在 Photoshop 中打开一张照片，在主界面右下角的"图层"面板中可以看到图层的图标，如图 2-1 所示。

图 2-1

所谓的图层，我们可以看到它基本等同于照片的缩览图。我们对这张照片进行了"换天"处理，可以看到天空被换成了一个更具表现力的背景，如图 2-2 所示。

操作之后，在"图层"面板中出现了更多的图层，每个图层可以实现不同的功能。

第 1 个图层对应的是我们在照片中录入的文字，也就是说，图层有像素图层，也有文字图层，甚至还有其他的调整图层。

第 2 个图层是我们更换的天空背景。

第 3 个图层名为前景光照，它解决的是地景与天空的光线协调问题。

第 4 个图层为前景色图层，它解决的是地景色调与天空的协调问题。

第 5 个图层就是我们最初打开的原始照片，也是原始图层。

这 5 个图层既彼此独立又互相组合，最终让照片呈现出完全不同的效果。

图 2-2

030 图层不透明度与填充有何区别?

要处理某个图层, 首先要在"图层"面板中选中这个图层, 选中之后要适当弱化文字的效果。因为现在的文字过于明显, 影响了画面整体的效果, 所以选中文字图层之后, 降低这个图层的不透明度, 可以看到该图层文字的显示效果变弱。这是图层不透明度的功能。

在"图层"面板中还有一个"填充"选项, 大部分情况下, 调整"填充"的百分比与调整"不透明度"的百分比的效果是一样的。两者的差别在于, 如果我们的图层有一些特殊样式, 调整"不透明度", 特殊样式的不透明度也会跟着被调整, 但如果只调整"填充", 那么只有原有的图层不透明度会发生变化, 而特殊样式不会发生变化, 如图 2-3 所示。

图 2-3

031 如何复制图层？

对于图层的操作，除可以增加图层、删除图层之外，实际上我们还可以对原图层进行复制或剪切等操作。本例中我们发现地景有些凌乱，如果对其进行一定的柔化处理，地景会更加干净。

单独处理地景时，首先单击背景图层，按 Ctrl+J 组合键复制一个"背景 拷贝"图层。但要注意一点，通过按 Ctrl+J 组合键的方式复制图层，如果图层上有选区，那么复制的将是选区之内的内容。而如果通过右键快捷菜单来复制图层，那么无论有无选区，都会复制整个图层的内容，如图 2-4、图 2-5 所示。

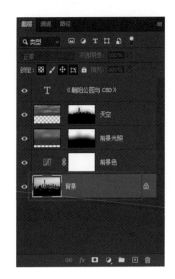

图 2-4

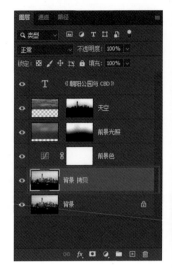

图 2-5

032 图层与橡皮擦如何搭配使用？

接着之前的操作，选中复制的图层，然后选择高斯模糊滤镜，设定相应参数后，单击"确定"按钮，可以看到我们复制的图层变为模糊状态，如图 2-6 所示。

图 2-6

　　建筑部分并不是我们想要模糊的区域，因此这时我们需要确保选中复制的图层，在工具栏中选择"橡皮擦"工具，缩小画笔，将"不透明度"调到最高，将上方模糊的建筑部分以及天空部分擦掉，这样就确保模糊的区域只影响了地面的公园区域，画面整体的叠加效果变得更加理想，如图 2-7 所示。

图 2-7

033 图层混合模式是什么？

　　在"图层"面板中选中"前景光照"这个图层，在上方的"类型"下的下拉列表框中可以看到"正片叠底"这种叠加的方式，如图 2-8 所示。正片叠底是一种图层混合模式，图层混合模式是指图层叠加的一种方式。

图 2-8

一般来说，打开图层混合模式下拉列表框，其中有 6 类 20 多种不同的图层混合模式，如图 2-9 所示。

第 1 类是正常的图层叠加模式；第 2 类是变暗类的混合模式，也就是上方叠加图层之后，改为这一类中的某一种混合模式，照片会变暗；第 3 类是变亮类混合模式；第 4 类是增大反差类的图层混合模式，设定为这一类图层混合模式之后，照片的反差（对比度）会变大；第 5 类是比较类的图层混合模式，简单来说，它是比较上下两个图层以进行像素明暗度的相减或分类等不同的效果；第 6 类是色彩调整类，通过设定不同的混合模式，可以实现画面色彩的改变。

至于具体的混合模式通过哪一种规则和算法将图层进行混合，这非常复杂，可能需要一整本书的内容才能够讲解明白，这里只是对它进行大致的讲解，在实际的应用中使用得比较多的有：变亮、滤色、正片叠底、叠加以及明度、颜色等。

图 2-9

034 盖印图层的用途是什么？

照片整体的处理完成之后，接下来我们进行一些细节的优化。当前我们可以看到前景的公园中有一些路灯，呈现在照片中的是星星点点的白点，它让画面显得比较乱，因此我们下一步要修复或者说消除这些路灯。但当前上方有众多的其他图层，不方便操作，所以我们可以先将之前所有的处理效果压缩为一个图层。此时按 Ctrl+Alt+Shift+E 组合键盖印一个图层，生成"图层 1"，这个图层被称为盖印图层，它相当于把之前所有的图层压缩起来，形成一个单独的图层，如图 2-10 所示。

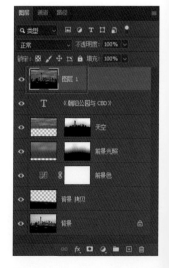

图 2-10

　　在工具栏中长按"污点修复画笔"工具，展开
这个工具组，选择"污点修复画笔工具"，如图 2-11
所示。

图 2-11

　　缩小画笔，在前景上有路灯的位置涂抹，就可以消除这些路灯，这样对这张照片的整体处理基本完成，
如图 2-12 所示。

图 2-12

035 图层有哪3种常见合并方式？

消除地面的干扰物之后，我们再次对照片进行一些轻微的调整，对画面效果进行优化。处理完成之后，观察图层的分布，我们会发现有一些图层左侧有"小眼睛"图标，这表示该图层处于显示状态，没有"小眼睛"图标，表示该图层处于隐藏状态，如图 2-13 所示。

图 2-13

照片处理完成之后，保存照片之前，可以先将图层进行合并。合并图层时，在某个图层空白处单击鼠标右键，在弹出的快捷菜单中可以看到"向下合并""合并可见图层""拼合图像"三个命令，如图 2-14 所示。"向下合并"表示将该图层合并到它下方的一个图层上；"合并可见图层"表示只合并处于显示状态的图层，处于隐藏状态的图层则不参与合并；"拼合图像"则表示拼合所有的图层。图层拼合起来之后，就可以将照片保存。当然不拼合图层也可以保存照片，但中间会弹出提醒对话框，并且默认的保存格式是 PSD，需要进行设定。

图 2-14

036 什么是栅格化图层?

　　有时我们打开的图层可能是一些智能对象或一些其他样式的图层,包括矢量图等,那么此时如果要转为正常的像素图样式进行后期处理,可能需要我们对图层进行栅格化,如图 2-15 所示。栅格化是指将智能对象、矢量图等转化为像素图。

图 2-15

　　具体操作时,在图层空白处单击鼠标右键,在弹出的快捷菜单中选择"栅格化图层"即可,如图 2-16 所示。

图 2-16

2.2
选区

037 什么是选区与反选选区?

　　照片的后期处理除进行全图的调整之外,可能还需要进行一些局部的调整,局部调整时如果有选区的帮助,后续的操作会更加方便。选区是指选择的区域,在软件中它会以蚂蚁线的方式将选择的区域标示出来,可以看到选择的区域四周有蚂蚁线。这张照片中我们选择的是天空,所以天空周边就出现了蚂蚁线,如图2-17所示。

图 2-17

　　如果此时要选择地景,那么没有必要再用选择工具对地景进行选择,可以直接打开"选择"菜单,选择"反选"命令,如图 2-18 所示。

图 2-18

　　这就可以看到，通过"反选"
命令，就选择了原选区之外的区域，
即选择了地景，如图 2-19 所示。

图 2-19

038 什么是几何选区工具？

　　建立选区要使用选区工具，选区工具主要分为两大类，一类是几何选区工具，另一类是智能选区工具。

　　先来看几何选区工具。在工具栏中打开"矩形选框工具"组，这组工具中有"矩形选框工具"和"椭圆选框工具"两种工具，这两种工具主要应用在平面设计中，在摄影后期中的使用频率比较低，但是借助这两种工具，可以让我们更直观地理解选区的一些功能。本例选择"矩形选框工具"，然后按住鼠标左键在照片中拖动，就可以创建一个矩形的选框，也就是建立一个几何选区，如图 2-20 所示。

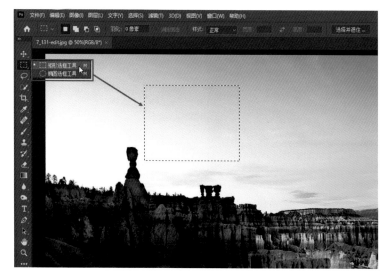

图 2-20

如果我们按住 Shift 键再拖动鼠标，则可以建立一个正方形的选区。如果选择的是"椭圆选框工具"，那么按住Shift键拖动鼠标，建立的就是一个圆形选区，如图2-21所示。

对于几何选区工具，在摄影后期处理中使用得较多的是"套索工具"和"多边形套索工具"，如图 2-22 所示。

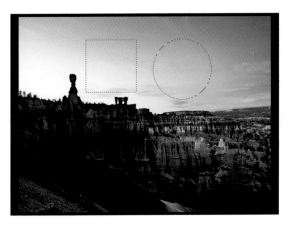

图 2-21

图 2-22

如果要使用"多边形套索工具"，选择工具之后，在工作区单击会创建一个锚点，然后移动鼠标，选区线会始终跟随鼠标指针，移动到下一个位置之后单击，再创建一个锚点。创建多个锚点之后，如果鼠标指针移动到起始位置，那么其右下角会出现一个圆圈，表示此时单击可以闭合选区，最终建立以蚂蚁线为标记的完整选区。

如果要取消某个锚点，那么按 Delete 键，就可以取消离鼠标指针最近的一个锚点。

至于"套索工具"，则需要像使用画笔一样按住鼠标左键进行拖动，手绘选区，如图 2-23 所示。

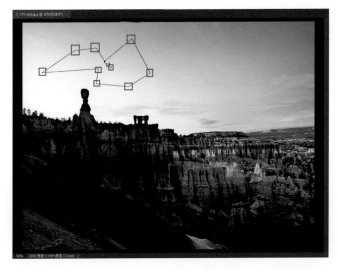

图 2-23

039 选区的布尔运算如何使用?

默认状态下建立选区时,在工作区中只能建立一个选区,如果我们要进行多个选区的叠加,或从某个选区中减去一片区域,就需要使用选区的布尔运算。选区的布尔运算是指我们选择选区工具之后,在选项栏中的不同的加减方式。本例中我们要先为地景建立选区,建立选区之后,如果放大照片可以看到选区的边缘部分并不是特别"准确",有一些边缘部分不是很规则的区域被漏掉了,如图 2-24 所示。

图 2-24

这时就可以通过上方选项栏的"从选区减去"或"添加到选区"这两种不同的运算方式来调整选区的边缘,如图 2-25所示。

图 2-25

具体操作是，在工具栏中选择"多边形套索工具"，选择"添加到选区"这种布尔运算方式，如图 2-26 所示。

图 2-26

在选区的边缘建立选区，将漏掉的部分包含进我们建立的这个较大的选区之内。完成选区建立之后，我们就将这些漏掉的部分添加到了选区之内。

这里要注意，用"多边形套索工具"建立的选区包含了大量原本在选区之内的区域，甚至包含了大量照片之外的区域，这是没关系的，因为对于原本的选区之内的部分，即便我们再添加到选区不会有影响。照片之外的区域选择得再多，因为没有像素也不会有影响，只要确保漏掉的部分包含在我们添加的区域即可，如图 2-27 所示。

经过这种调整就可以看到，选区边缘变得更"准确"了，这是选区的运算方式，如图 2-28 所示。

图 2-27

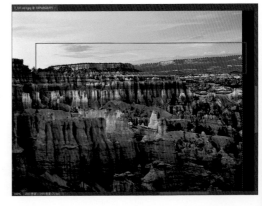

图 2-28

040 魔棒工具如何使用？

下面再来看智能选区工具。智能选区工具常用的有"魔棒工具""快速选择工具""色彩范围"等，当然也包括 Adobe Photoshop 2021 新增的"天空"这个选区工具。至于"主体"这种选区工具，笔者感觉其使用效果不是太理想，所以本书不做介绍。

首先来看"魔棒工具"。如果要为这张图片的天空建立选区，在工具栏中选择"魔棒工具"，在上方的选项栏中选择"添加到选区"，设定"容差"为 30，默认情况下我们将容差设定 30 左右会比较合理，对于很多照片，设定这个容差值都有比较好的选择效果。

容差是指我们所选择的位置与周边的色调相差度。比如要单击的位置亮度为 1，如果设定容差为 30，那么单击这个位置之后，与 1 这个位置亮度相差 30 之内的区域都会被选择，亮度相差超过 30 的区域则不会被选择。

"连续"是指我们建立的选区是连续的区域，不连续的区域则不会被选择。

在天空位置单击，可以看到我们快速为一片区域建立了选区，也就是说我们单击位置亮度相差 30 之内连续的区域都会被选择。因为是添加到选区，接下来继续用鼠标在未建立选区的位置单击，通过多次单击，就为天空建立了选区，如图 2-29 所示。

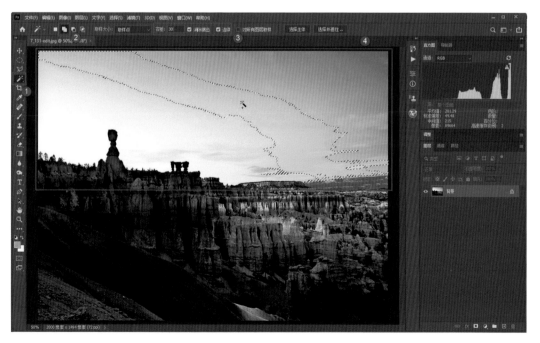

图 2-29

因为我们选择了"连续"这种方式，所以一些单独的云层或者被云层包含起来的一些狭小的区域，还有天空中一些与我们选择区域亮度相差比较大的区域就不会被选择。放大之后，可以看到天空会漏掉一些区域，如图 2-30 所示。

图 2-30

针对这种情况，可以选择"套索工具"，选择"添加到选区"，快速将漏掉的区域选中，如图 2-31 所示。这样我们就完成了选区的建立。

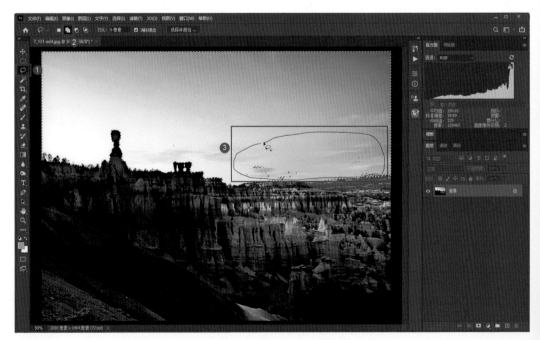

图 2-31

如果建立选区之前，在上方选项栏中取消勾选"连续"，那么在天空中单击时，可以更快速地为天空建立选区，但缺点是地景内与天空不连续的一些区域由于亮度与天空相差不大，因此也会被选择，如图 2-32 所示。

实际建立选区时，用户可以根据自己的习惯进行一些特定的选择。

图 2-32

041 快速选择工具如何使用？

接下来看快速选择工具。快速选择工具也是一种智能工具，具体使用时，将鼠标指针移动到我们要选择的位置按住鼠标左键进行拖动，就可以快速为与拖动位置亮度相差不大的一些区域建立选区。但其缺点是，它主要为一些连续的区域建立选区，并且有一些边缘的识别精准度不是特别高，需要结合其他工具进行一定的调整，如图 2-33 所示。建立选区之后，就可以对我们选择的区域进行调整了。如果要取消选区，按 Ctrl+D 组合键即可。

图 2-33

042 色彩范围功能如何使用?

首先在 Photoshop 中打开要建立选区的照片,如图 2-34 所示。

图 2-34

打开"选择"菜单,选择"色彩范围"命令,打开"色彩范围"对话框,如图 2-35 所示。

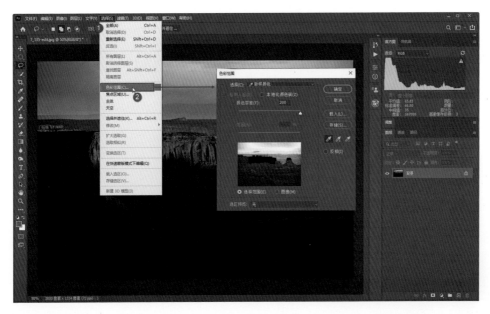

图 2-35

鼠标指针变为吸管形状。单击我们想要选择的区域中的某一个位置，这样与该位置明暗及色彩相差不大的区域都会被选择。

在"色彩范围"对话框下方的预览图中会出现黑色、白色或灰色的区域，白色和灰色表示选择的区域，如图 2-36 所示。

如果感觉选择区域不是太准确，可以调整"颜色容差"，如图 2-37 所示。这个参数用于限定与我们选择位置明暗以及色彩相差不大的区域，它主要限定我们取样位置与其他区域的范围。加大颜色容差值会有更多区域被选择，缩小则正好相反。

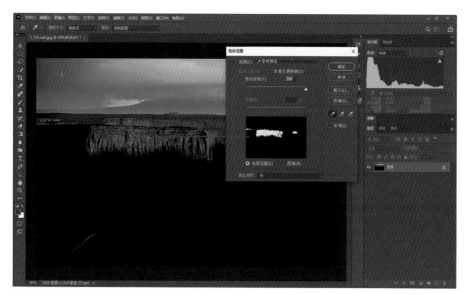

图 2-36

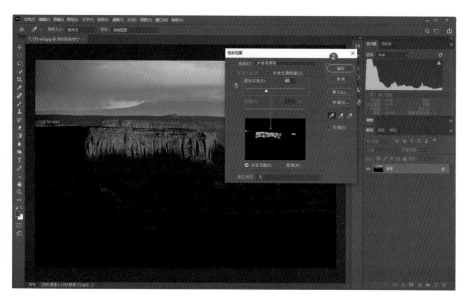

图 2-37

如果在"色彩范围"对话框预览图中很小的范围内观察不够清楚，可以在下方的"选区预览"下拉列表框中选择"灰度"，让照片以灰度的形式显示，方便我们观察，如图2-38所示。

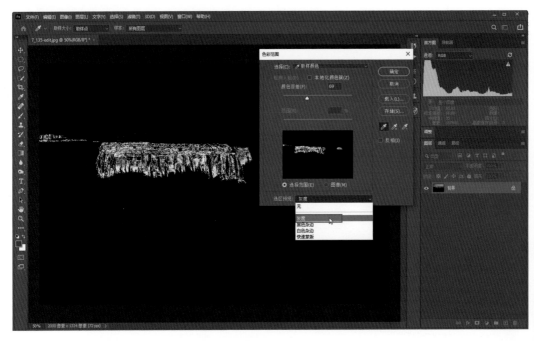

图2-38

在"色彩范围"对话框中，"选择"下拉列表框中还有多个选项，可以从中直接设定不同的色系，还可以选择"中间调""高光""阴影"。选择"高光"或"阴影"之后，可以直接选择照片中的最亮像素或最暗像素，选择"中间调"的意思是选择照片中在某一个亮度范围内的像素，如图2-39所示。

图2-39

043 选区的50%选择度是什么意思？

图 2-40 中有一个问题：从选区预览中可以看到，有些区域是灰色的，并非纯黑色或纯白色。

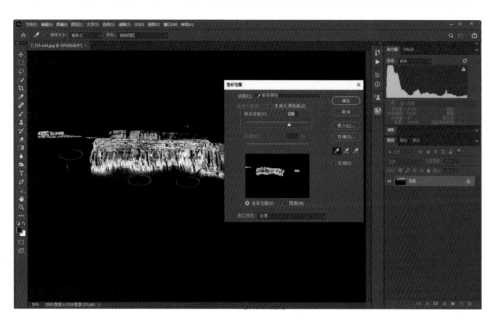

图 2-40

此时建立选区，可以发现有些灰色区域显示了选区线，有些区域则不显示选区线，如图 2-41 所示。

图 2-41

　　实际上，无论是显示还是不显示选区线，只要是灰色，它都会处于部分选择的状态，如果我们进行调整，这些选区之内都会发生变化。选区线的显示取决于"色彩范围"对话框中灰色区域的灰度，如果它的亮度达到了 50% 的中间线，也就是 128 级亮度，就会显示选区线；如果亮度不高于 128 级亮度，则不显示选区线，返回工作界面之后我们是看不到选区线的。

　　如果进行后续的提亮或压暗处理，即便是未显示选区线的这些区域也会发生变化，这与选区线的显示度有关，也就是说，选区不能仅以选区线为标志，如图 2-42 所示。

图 2-42

044 "天空"功能如何使用？

　　在 Adobe Photoshop 2021 中，"天空"是新增加的一个选区功能。顾名思义，"天空"是指选择该命令之后，软件自动识别照片中的天空，并为天空建立选区。这个功能是非常强大的，并且 Adobe Photoshop 2021 一键换天的功能也是以这个功能为基础来实现的，它的使用非常简单。

　　在 Photoshop 中打开照片，如图 2-43 所示。

图 2-43

打开"选择"菜单，选择"天空"命令，如图 2-44
所示。

图 2-44

这样在 Photoshop 工作界面中可以看到天空被
选择了出来。从远处的飞机可以看到，虽然选区线
只有部分被显示出来，但实际上机翼部分也处于选
区，只是没有显示选区线，如图 2-45 所示。

图 2-45

接下来在工具栏中选
择"橡皮擦工具"，将"不
透明度"和"流量"设
定为 100%，在选区内擦
拭，可以将天空的像素擦
掉。这时我们注意观察飞
机，可以看到机翼部分虽
然没在选区之内，但仍然
保留了下来，人物的发丝
边缘也是如此，如图 2-46
所示。

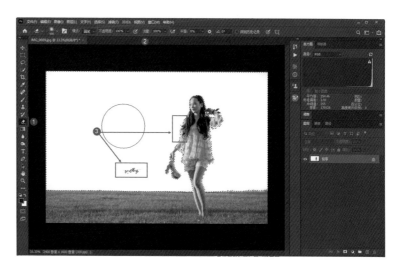

图 2-46

045 选区的羽化有什么用途?

擦掉天空之后，观察草地与天空的结合部分发现其有些生硬，过渡不够柔和，这是选区边缘过硬所导致的，如图 2-47 所示。

图 2-47

建立选区之后，如果我们对选区进行一定的羽化再进行擦拭，那么选区边缘会柔和很多。羽化主要是指调整选区的边缘，让边缘以非常柔和的形式呈现。

来看具体操作。打开"历史记录"面板，选中"选择天空"这一步骤，就会回到为天空建立选区这一步骤，如图 2-48 所示。

图 2-48

这时，在工具栏中随便选择某一种选区工具，然后在选区内单击鼠标右键，在弹出的快捷菜单中选择"羽化"命令，打开"羽化选区"对话框，在其中设定"羽化半径"为2，然后单击"确定"按钮，如图2-49所示。这样我们就对选区的边缘进行了一定的羽化。

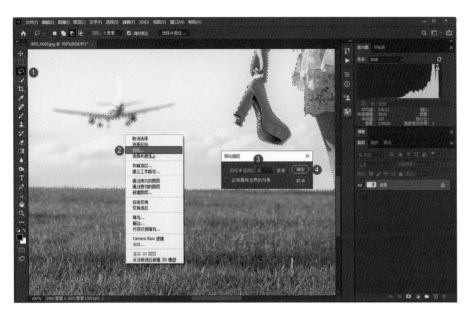

图 2-49

再用"橡皮擦工具"擦掉天空部分，观察草地与天空的结合部分，会发现它们过渡得柔和了很多，这种过渡会让画面的效果看起来更加自然，如图2-50所示。

图 2-50

046 选区的边缘如何调整?

回到初次建立选区的状态，然后在工具栏中选择任意一种选区工具，此时在上方的选项栏中可以看到"选择并遮住"功能，该功能主要用于对选区的边缘进行调整，如图2-51所示。在旧版本的Photoshop中建立选区，如果不够精确，那么通过边缘调整可以让选区变得更加准确，当然这个功能相对比较复杂，操作的难度比较大。到了Photoshop 2021，如果我们是为天空建立选区，那么边缘调整功能的重要性被大大降低了。这里还是要讲一下，便于大家理解和熟练使用选区功能。

图 2-51

使用时建立选区，然后在使用某种选区工具时单击"选择并遮住"按钮，此时会进入一个单独的选择并遮住调整界面，在该界面中可以对选区边缘进行调整，如图2-52所示。

在这个界面的左侧工具栏中第二个工具为"自动识别边缘"工具。这个工具的功能非常强大，对于选区边缘不够准确的选区，可以选择该工具，然后将该工具移动到选区边缘进行涂抹和擦拭，软件会再次识别边缘，这可能让原本不是很"精确"的边缘部分变得更加精确。

在界面的右侧，"视图"这个功能没有太大的实际意义，它主要用于让我们设定以哪一种方式显示选区，这里设定的是"洋葱皮"的显示方式，可以看到选区内的部分是白色与灰色相间的方格。

"半径"是指选区线两侧像素的距离，半径为1，那么选区线两侧各1个像素的范围会被检测，半径置得越大，越容易快速查找某些景物的边缘建立选区，但是选区有可能不准确，因为所能查找的一些景物边缘过多，有可能识别错误。

"智能半径"是指在我们建立选区之后，让选区线更平滑一些。

"平滑"与"羽化"也用于选区线整体的走势调整，让选区线变得更加光滑、过渡更加自然。

图 2-52

在参数下方还有一个"移动边缘"参数，如图2-53所示。这个参数非常重要，如果我们向左移动"移动边缘"的滑块，那么选区会向外扩展。本例中我们选择的是天空，向外扩展之后可以看到人物也逐渐被侵蚀。如果向右拖动滑块，则会缩小选区，这会让选区更加精确。

图 2-53

047 怎样保存选区？

建立选区之后，如果要保存选
区，可以借助"通道"面板来实现。

图 2-54

建立选区后打开"通道"面板，然后单击"通道"面板下方的"建立通道蒙版"按钮，这样可以为选区创建一个蒙版，选区内的部分是白色，选区之外的部分是黑色，如图 2-55 所示。本例中我们只选择了飞机，所以就将飞机这个选区保存了下来。保存选区之后，如果关闭照片，将照片保存为 TIFF 格式，那么下次打开照片时，之前的选区会完整地呈现出来。

图 2-55

048 选区的叠加与减去怎样操作？

之前介绍过，选区的布尔运算是指在建立选区时对选区相加或相减，实际上还会涉及另外一个问题。如果我们一次只建立了一个选区，那么过一段时间之后我们再建立另外一个选区，这两个选区会分别保存下来。如果要将两个选区加起来，就需要使用选区的叠加，当然我们也可以进行选区的相减。

首先来看选区的叠加。之前我们已经为飞机建立了选区并进行了保存，现在我们对人物和草地建立了一个选区，如图 2-56 所示。

图 2-56

接下来将人物和草地的选区在通道中保存下来，那么现在照片中就有两个选区。如果要将两个选区相加，可以先按住 Ctrl 键并单击第一个选区，将这个选区载入选区线，如图 2-57 所示。

图 2-57

然后将鼠标指针移动到第二个选区上，按 Ctrl+Shift 组合键就可以将第二个选区添加到第一个选区中，这是选区的相加，如图 2-58 所示。如果要相减，只要按 Ctrl+Alt 组合键进行相应操作，就可以减去第二个选区。

图 2-58

2.3
蒙版

049 蒙版的概念与用途是什么？

有些人解释蒙版为"蒙在照片上的板子"，其实，这种说法并不是非常准确。用通俗的话来说，可以将蒙版视为一块虚拟的橡皮擦，使用 Photoshop 中的橡皮擦工具可以将照片的像素擦掉，而露出下方图层的内容，使用蒙版也可以实现同样的效果。但是，使用橡皮擦工具擦掉的像素会彻底丢失，而使用蒙版结合渐变或画笔工具等擦掉的像素只是被隐藏了起来，实际上没有丢失。

下面通过一个案例来说明蒙版的概念及用法，打开图 2-59 所示的照片。

图 2-59

在"图层"面板中可以看到图层信息,这时单击"图层"面板底部的"创建图层蒙版"按钮 ,为图层添加一个蒙版。初次添加的蒙版为白色的空白缩览图,如图 2-60 所示。

我们将蒙版变为白色、灰色和黑色三个区域同时存在的样式。

此时观察照片画面就会看到,白色的区域就像一层透明的玻璃,覆盖在原始照片上;黑色的区域相当于用橡皮擦工具彻底将像素擦除,而露出的下方空白的背景;灰色的区域处于半透明状态,如图 2-61 所示。这与使用橡皮擦工具直接擦除右侧区域、降低透明度擦除中间区域所能实现的画面效果是完全一样的,但使用蒙版通过蒙版色深浅的变化实现了同样的效果,并且从图层缩览图中可以看到,原始照片并没有发生变化,将蒙版删掉,依然可以看到完整的照片,这也是蒙版的强大之处,它就像一块虚拟的橡皮擦。

图 2-60

图 2-61

如果我们对蒙版制作一个从纯黑到纯白的渐变，此时蒙版缩览图如图 2-62 所示。可以看到，照片呈现从完全透明到完全不透明的平滑过渡状态，从蒙版缩览图中看，黑色完全遮挡了当前的照片像素，白色完全不会影响照片像素，而灰色则会让照片像素处于半透明状态。

图 2-62

<blockquote>
TIPS

对于蒙版所在的图层而言，白色用于显示，黑色用于遮挡，灰色则会让显示的部分处于半透明状态。后续在使用调整图层时，蒙版的这种特性会非常直观。
</blockquote>

050 调整图层怎样使用？

图 2-63 所示照片前景的草原亮度非常低，现在要进行提亮。

图 2-63

首先在 Photoshop 中打开照片，然后按 Ctrl+J 组合键复制一个图层，对复制的图层整体进行提亮。然后为复制的图层创建一个蒙版，可以借助黑蒙版遮挡住天空，用白蒙版露出要提亮的部位，这样就实现了两个图层的叠加，相当于只提亮了地景部分，如图 2-64 所示。

图 2-64

当然，这样操作比较复杂，下面介绍调整图层这个功能，它相当于一步实现了我们之前复制图层和对复制的图层进行提亮等多种操作。具体操作时，打开原始照片，然后在"调整"面板中单击"曲线"，这样可以创建一个曲线调整图层，并打开曲线调整面板，如图 2-65 所示。

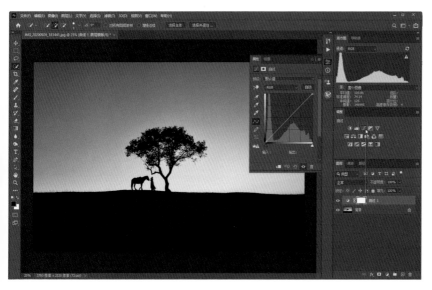

图 2-65

接下来在属性调整面板中上移曲线，这样全图会被提亮，如图 2-66 所示。

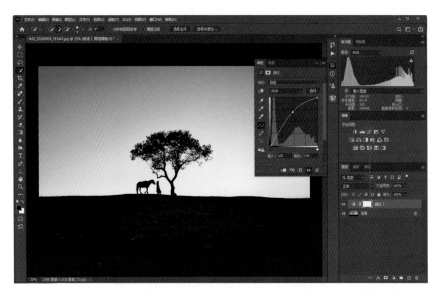

图 2-66

接下来我们只要借助黑、白蒙版的变化，将天空部分用黑蒙版遮挡起来，只露出地面部分，就实现局部的调整，如图 2-67 所示。这样操作就省去了复制图层的步骤，相对来说要简单和快捷很多，它相当于对之前的操作进行了简化。当然这里有一个新的问题，调整图层并不能 100% 地替代图层蒙版，因为如果是两张不同的照片叠加在一起生成两个图层，为上方图层创建图层蒙版，可以实现照片的合成等操作，但调整图层只会针对一张照片进行影调、色彩等的调整。这是两者的不同之处。

图 2-67

051 什么是黑、白蒙版？

在说明了蒙版的黑、白变化之后，下面介绍在实战中使用黑、白蒙版的方法。

看图 2-68 所示照片，其两侧以及背景亮度有些高，导致人物的表现力下降。

图 2-68

这时我们可以创建一个曲线调整图层压暗，但这种方式会导致主体部分也被压暗，如图 2-69 所示。

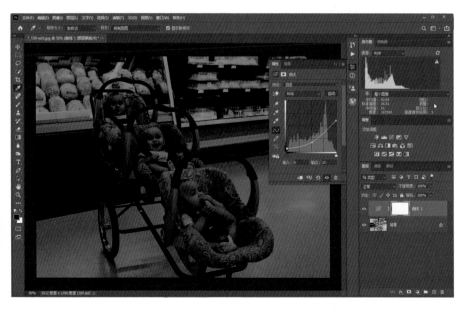

图 2-69

我们只想让背景部分变暗，这时可以选择渐变工具或画笔工具，将人物部分擦拭出来。擦拭时，前景色要设为黑色，这种黑色就相当于遮挡了当前图层的调整效果，也就是说曲线调整这一部分被遮挡起来。从蒙版可以看到，白色部分会显示当前图层的调整效果，黑色部分遮挡，这样主体部分就以原始的亮度显示，而背景部分被压暗，如图 2-70 所示。这是白蒙版的使用方法，即先建立白蒙版，然后对某些区域进行还原。

图 2-70

黑蒙版的使用也非常简单，创建白蒙版之后，按 Ctrl+I 组合键，就可以将白蒙版变为黑蒙版，将当前图层的调整效果完全遮挡起来。

如果我们想要在某些位置显示出当前图层的调整效果，那么只要将前景色设为白色，然后在想要显示的区域涂抹或制作渐变即可，如图 2-71 所示。

图 2-71

052 蒙版与选区怎样切换？

通过蒙版的局部调整我们发现，蒙版实际上也是一种选区，因为它也用于限定某些区域的调整。实际上，蒙版与选区是可以随时相互切换的。正如之前的照片，我们将人物部分保持原有亮度，压暗四周，是通过蒙版来实现的。通过蒙版实现之后，如果要载入选区，我们只要按住 Ctrl 键然后单击蒙版图标，就可以将蒙版载入选区。当然载入选区时，要注意蒙版中白色的部分是选择的区域，黑色的是不选择的区域。可以看到，载入选区之后，四周的白色部分被建立了选区，如图 2-72 所示。

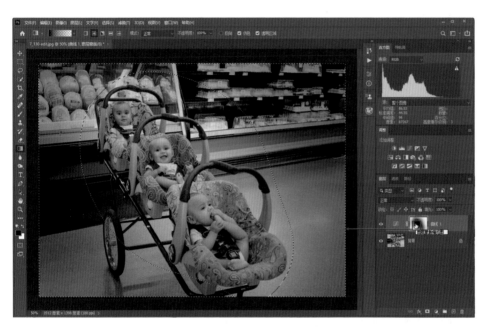

图 2-72

除这种载入方式之外，我们还可以用鼠标右键单击蒙版图标，在弹出的快捷菜单中选择"添加蒙版到选区"命令，如图 2-73 所示。将蒙版转为选区。

图 2-73

053 剪切到图层有什么用途？

利用调整图层可以对全图进行明暗以及色彩的调整，并且对下方所有图层的叠加效果进行一种调整。

在实际的使用中，我们还可以限定调整图层时只对它下方的图层进行调整，而不影响其他图层。比如这张照片，我们先按 Ctrl+J 组合键复制一个图层，然后对上方的图层进行高斯模糊处理，之后创建一个曲线调整图层，这样提亮之后可以看到全图变亮，如图 2-74 所示。

图 2-74

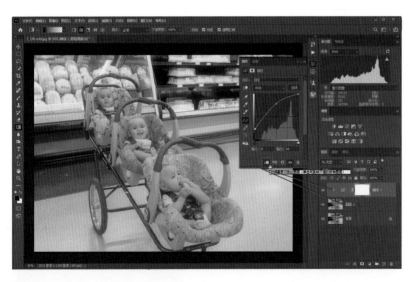

图 2-75

但我们当前想要的效果主要是为上方的模糊图层进行提亮，那这时可以单击曲线调整面板下方的此调整剪切到此图层按钮，这样就可以将曲线的调整效果只作用到它下方的模糊图层，而不是全图，如图 2-75 所示。

054 蒙版+画笔如何使用?

之前我们已经介绍过，使用蒙版时，要借助画笔或渐变工具来进行"白色"和"黑色"的切换，下面来看具体的使用方法。依然是这张图片，首先创建曲线调整图层将其压暗，如图 2-76 所示。

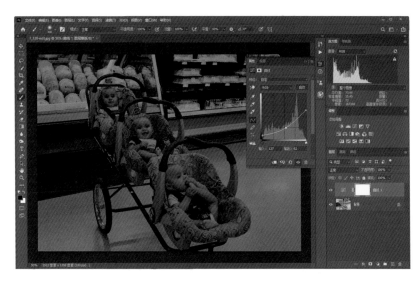

图 2-76

接下来在工具栏中选择"画笔工具"，将前景色设为黑色，然后适当地调整画笔大小，并将"不透明度"设定为 100%，然后在人物上进行擦拭，如图 2-77 所示。可以看到该操作相当于将白蒙版擦黑，这样就遮挡了我们压暗的这种曲线效果，露出原照片的亮度，这是画笔工具与蒙版组合使用的一种方法。当然在实际的使用中，除将画笔的不透明度设为 100% 之外，还经常将画笔的不透明度降低，进行一些轻微的擦拭，让效果更自然。

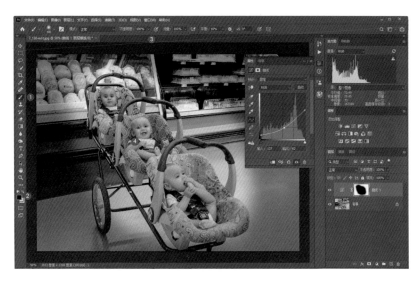

图 2-77

055 蒙版+渐变如何使用？

除画笔可以调整蒙版之外，在实际的使用中，渐变工具也可以与蒙版结合起来使用，实现很好的调整效果。具体使用时，首先依然是压暗照片，然后按 Ctrl+I 组合键"反向"蒙版，这样调整效果被遮挡起来，如图 2-78 所示。

图 2-78

这时在工具栏中选择"渐变工具"，将前景色设为白色，背景色设为黑色，然后设定从白到透明的线性渐变，再在照片四周进行拖动制作渐变，可以从图层蒙版上看到四周变白，显示出当前图层的调整效果，如图 2-79 所示。可以看到照片四周压暗，中间的人物部分依然使用了黑蒙版，它遮挡了当前的压暗效果，其亮度是背景图层的亮度。

图 2-79

056 蒙版的羽化与不透明度有何用途？

无论是画笔还是渐变
工具，制作黑白蒙版之后，
白色与黑色区域边缘的过
渡有些生硬，不够自然。
这时可以双击蒙版图层，
打开蒙版的"属性"面板，
如图 2-80 所示。

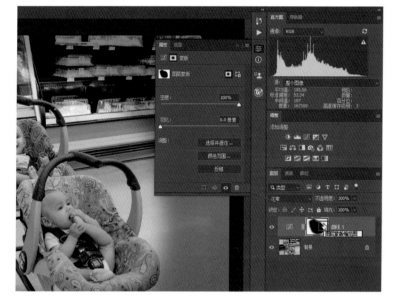

图 2-80

在其中提高蒙版的"羽化"值，就可以让黑色区域与白色区域的过渡平滑起来，这类似于羽化功能。最
终我们可以让照片明暗影调过渡呈非常平滑的状态，如图 2-81 所示。

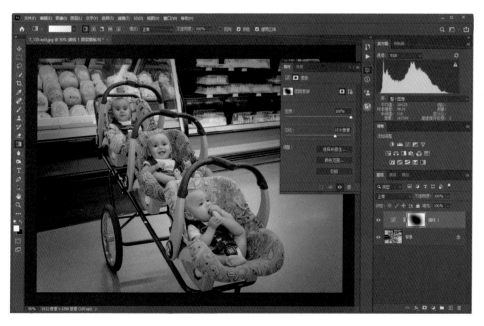

图 2-81

如果感觉四周压得过暗，那么还可以单击选中蒙版图标，适当降低蒙版的"不透明度"，弱化调整效果，让最终的调整效果更加自然，如图 2-82 所示。

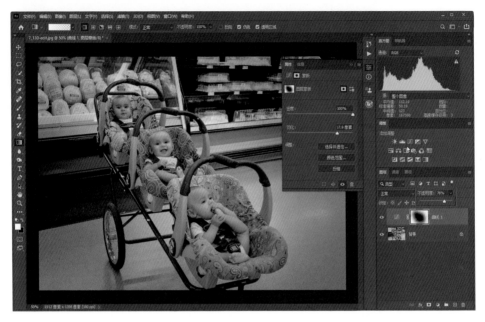

图 2-82

亮度蒙版的概念与用途是什么？

接下来介绍另外一个非常重要的知识点——亮度蒙版。

亮度蒙版是指先根据照片不同的亮度区域建立选区，对这些选区之内的部分创建调整图层，也就是创建调整蒙版，然后对这些区域进行一定的调整，再借助蒙版实现显示和遮挡，最终实现局部的调整。亮度蒙版是摄影后期非常重要的一个蒙版，它的应用非常广泛，为了方便大家掌握亮度蒙版的原理，我们首先借助 Photoshop 自带的工具进行讲解，大家掌握了之后，我们再借助第三方软件进行相关操作，就会更加得心应手。

首先创建一个盖印图层，如图 2-83 所示。

图 2-83

　　打开"选择"菜单，选择"色彩范围"命令，打开"色彩范围"对话框。我们想要给背景中比较亮的一些区域建立选区，将这些区域压暗，因为现在的背景中的亮斑太多，它干扰了人物的表现，所以选择取样颜色之后，将鼠标指针移动到背景较亮的位置上单击，可以看到这些区域变白，然后调整"颜色容差"的值，确保我们只选中背景中的白色部分。因为人物的面部和地面有些区域与背景中亮斑的亮度相近，所以也被选择出来了，但这没有关系，后续我们可以进行调整。直接单击"确定"按钮，这样就为背景中的亮斑以及地面和人物等建立了选区，如图 2-84 所示。

图 2-84

　　建立选区之后，创建曲线调整图层，下移曲线可以看到，此时的蒙版是针对选区的，那么只有选区内的部分被压暗，即地面、人物还有背景中的亮斑被压暗，如图 2-85 所示。

图 2-85

因为我们只想让背景中的亮斑被压暗，所以可以借助画笔或渐变工具进行调整。首先双击图层蒙版，对蒙版适当地进行羽化，让压暗效果更自然，如图 2-86 所示。

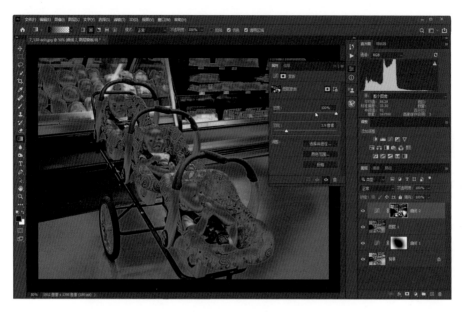

图 2-86

接下来，在工具栏中选择"渐变工具"，将人物还原，这样我们就实现了整个调整过程。可以看到，调整之后整个画面更加干净，特别是背景以及地面部分不再有太多亮斑，如图 2-87 所示。这是亮度蒙版的一个具体使用原理，就是先建立选区，然后对以亮度建立的不同选区进行调整。

图 2-87

接下来我们再来看借助第三方的 TK 亮度蒙版来实现亮度蒙版调整的方法。TK 亮度蒙版是当前比较著名的一款亮度蒙版，它的功能非常强大，借助亮度蒙版建立选区之后，选区线的边缘是非常柔和的，它与未调整部分的过渡很自然，比我们借助色彩范围调整的边缘更加自然，当然它没有色彩范围那么准确。下面进行具体介绍。

安装 TK 亮度蒙版之后，它停靠在右侧的面板竖条上。本例中我们要选择背景中的亮斑部分，打开其面板之后，可大致判断一下背景亮度在亮度蒙版中的值大致是 3 及更亮值，因此单击 3 这个按钮，照片中的一些亮斑就会被显示出来。从照片画面中可以看到，此时这些亮斑在照片中也显示得比较明亮，而不被选择的区域会以黑色显示。此时照片变为灰度状态，并且创建的曲线调整图层呈现红色，如图 2-88 所示。

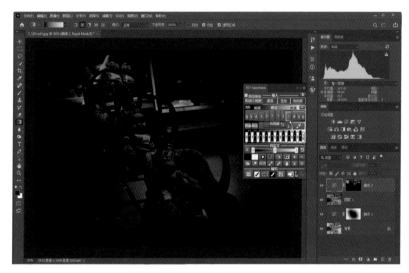

图 2-88

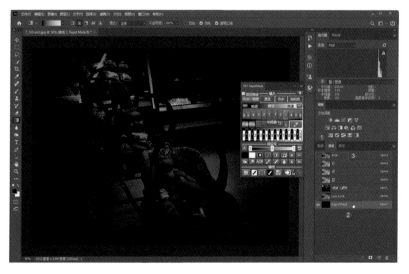

打开"通道"面板，按住 Ctrl 键并单击新生成的亮度蒙版，可以将亮度蒙版转为选区，然后单击 RGB 复合通道，照片显示为正常状态，如图 2-89 所示。

图 2-89

创建曲线调整图层，将这些亮斑压暗，最终我们就实现了亮度蒙版的调整，如图 2-90 所示。

图 2-90

058 怎样使用快速蒙版？

调整完成之后，再次创建一个盖印图层，如图 2-91 所示。

图 2-91

接下来演示快速蒙版的使用方法。快速蒙版方便用户快速进入照片的蒙版编辑状态，通过画笔或渐变工具在照片中涂抹，以随心所欲地建立想要形状的选区。像这张照片，盖印图层之后，在工具栏下方单击"快速蒙版"按钮，可以为当前的图层创建快速蒙版。可以看到此时所选中的图层变为红色，这表示我们已经进入了快速蒙版的状态，如图 2-92 所示。

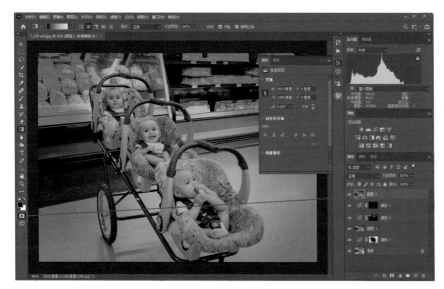

图 2-92

在工具栏中选择"画笔工具"，将前景色设为黑色，在照片上涂抹，可以看到被涂抹的区域呈红色，这种红色不是我们涂抹的颜色，它主要用于显示我们选择的区域，如图 2-93 所示。

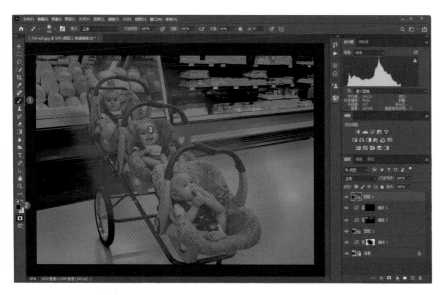

图 2-93

涂抹之后，按
Q键可以退出快速蒙
版，当然也可以在工
具栏中单击"快速蒙
版"按钮退出。退出
之后，可以看到我们
涂抹的部分被排除到
了选区之外，那么我
们未涂抹的区域就被
建立了选区，如图
2-94所示。这是快
速蒙版的使用方法。

图2-94

2.4
通道

059 通道的用途是什么？

接下来介绍通道相关的知识。

通道主要用于存
储照片的色彩信息。
打开一般的RGB色
彩模式照片之后，切
换到"通道"面板，
可以看到4个通道，
分别为RGB彩色通
道以及红、绿、蓝三
原色对应的3个通道，
如图2-95所示，不
同的色彩通道用于存
储不同的色彩信息。

图2-95

比如切换到红色通道，从照片中可以看到，照片中红色含量比较高的区域会呈现白色，没有红色的区域会变为黑色。当然要注意一点，除①②两个位置红色的含量比较高之外，③④位置并没有红色，它是白色的，但在红色通道中也处于高亮显示状态，这表示在通道中，该种通道对应的色彩信息越多，显示得越亮，原照片中白色区域在任何一个色彩通道中仍然以白色显示，如图 2-96 所示。

图 2-96

接下来再次切换到蓝色通道，可以看到近景的花是紫色的，紫色中包含红色和蓝色，蓝色含量比较高，所以花高亮显示，那么远处的岩石上变暗则表示岩石上红色比较多、蓝色比较少。再次观察海浪，可以看到海浪部分依然为白色，因为它本身就是白色的，如图 2-97 所示。这是通道的色彩分布与显示特点。

图 2-97

060 怎样利用通道建立选区?

之前已经介绍过,在蒙版中,白色区域表示选择,可以随时与选区进行切换。实际上在通道中,我们也可以随时根据通道的黑白状态来建立选区,白色表示选区之内的部分。如果我们要建立选区,按住 Ctrl 键并单击任何一个通道,那么该通道中亮度足够高的区域就会被建立选区,如图 2-98 所示。

图 2-98

061 复制通道有什么用途?

在老版本的 Photoshop 中,我们在抠取人物时,特别是人物的发丝部分,经常要借助通道进行操作。利用通道进行抠图时,仅凭通道默认显示的明暗分布状态可能无法抠得非常精确,还需要对通道进行调整,加大通道中明暗的反差,最终建立更准确的选区。通道存储的是照片的色彩信息,一旦我们对某个通道的明暗进行了调整,势必会引起原照片色彩的变化,所以,我们在利用某个通道建立选区并进行调整时,不能对原通道进行调整,正常情况下我们可以用鼠标右键单击某个通道,然后在弹出的快捷菜单中选择"复制通道"命令,复制一个通道出来,对复制的通道进行调整后建立选区。这样这个复制的通道既方便我们建立选区,又不会影响原始照片,因为原始照片只是将自己的色彩信息存储在红、绿、蓝三个通道中,而复制的通道是不会对原始照片产生影响的,如图 2-99 所示。当然复制哪一个通道需要有一定的技巧,一般来说,我们建立选区时,要复制我们所选择区域与周边明暗反差比较大的通道。

图 2-99

复制通道之后，确保只选中复制的通道，如图 2-100 所示。

打开色阶、曲线或亮度 / 对比度等调整功能，对明暗反差进行强化。比如这里我们只选择前景的紫花，大幅度进行对比度的调整，如图 2-101 所示。

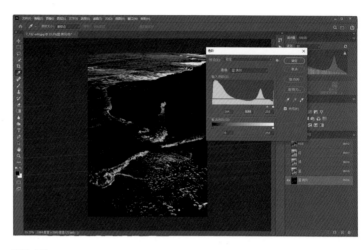

图 2-100　　　　　　　　　　　　　图 2-101

调整完毕之后，我们还可以使用"画笔工具"，将前景色设为黑色，然后将调整过对比度的不想选择的区域完全涂黑，如图 2-102 所示。

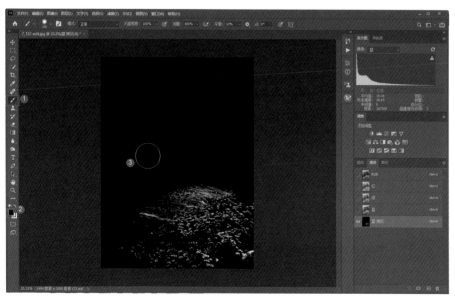

图 2-102

然后按住 Ctrl 键并单击这个复制的通道，就可以将前景的紫花载入选区，如图 2-103 所示。

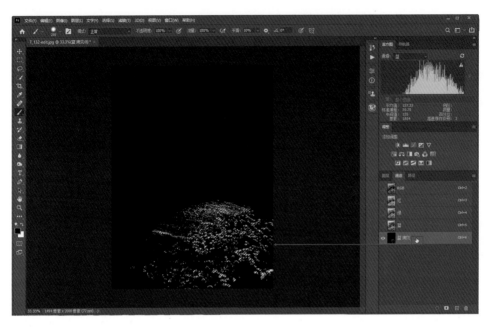

图 2-103

此时，单击 RGB 通道，就可以回到照片正常显示的状态，如图 2-104 所示。

图 2-104

062 什么是Lab色彩模式?

我们在计算机上看到和使用的照片，大多是 RGB 色彩模式的，几乎没有 Lab 色彩模式的照片。

Lab 色彩模式是一种基于人眼视觉原理而提出的一种色彩模式，理论上它包括了人眼所能看到的所有颜色。在长期的观察和研究中，人们发现人眼一般不会混淆红绿、蓝黄、黑白这 3 组共 6 种颜色，这使研究人员猜测人眼中或许存在某种能够分辨这几种颜色的机制。于是有人提出可将人的视觉系统划分为 3 条颜色通道，分别是感知颜色的红绿通道和蓝黄通道，以及感知明暗的明度通道。这种理论很快得到了生理学的理论支持，从而迅速普及。经过研究人们发现，如果人的眼睛中"缺失"了某条"通道"，就会产生"色盲"现象。

1932 年，国际照明委员会依据这种理论建立了 Lab 色彩模型，后来 Adobe 将 Lab 色彩模式引入了 Photoshop，将它作为色彩模式置换的中间模式。因为 Lab 色彩模式的色域最广，所以将其他色彩模式置换为 Lab 色彩模式时，颜色没有损失。在实际应用中，将设备中的 RGB 色彩模式照片转换为 CMYK 色彩模式的并准备印刷时，可以先将 RGB 色彩模式转换为 Lab 色彩模式，这样不会损失颜色细节；再将 Lab 色彩模式转换为 CMYK 色彩模式。这也是之前很长一段时间内，印刷影像作品的标准工作流程。

一般情况下，我们在计算机、相机中看到的照片绝大多数为 RGB 色彩模式，如果这些 RGB 色彩模式的照片要进行印刷，就要先转换为 CMYK 色彩模式才可以。以前，在将 RGB 色彩模式转换为 CMYK 色彩模式时，要先转换为 Lab 色彩模式过渡一下，这样可以降低转换过程带来的细节损失。而当前，在 Photoshop 中我们可以直接将 RGB 色彩模式转换为 CMYK 色彩模式，中间的 Lab 色彩模式过渡在系统内部自动完成了（当然，转换时会带来色彩失真，可能需要你进行微调校正）。

如果你还是不能彻底理解上述的解释，那我们用一种比较通俗的语言来进行描述：在 RGB 色彩模式下，调色后色彩发生变化，色彩的明度也会同时变化，但某些色彩变亮或变暗后，可能会让调色后的照片损失明暗细节层次。

打开图 2-105 所示的照片。

图 2-105

　　将照片调黄，因为黄色的明度非常高，可以看到很多部分因为色彩明度的变化而产生了一些细节的损失，如图 2-106 所示。

图 2-106

　　如果是在 Lab 色彩模式下调整，因为色彩与明度是分开的，所以将照片调为这种黄色后，是不会出现明暗细节损失的，如图 2-107 所示。

图 2-107

063 Lab 模式下的通道是如何分布的？

打开照片后，打开"图像"菜单，选择"模式"，在其子菜单中选择"Lab 颜色"命令，可以将照片色彩模式转换为 Lab 色彩模式，切换到"通道"面板，可以看到有 Lab、明度、a 和 b 4 个通道，如图 2-108 所示。

图 2-108

其中，a 通道对应红色和绿色，b 通道对应黄色和蓝色，如图 2-109、图 2-110 所示。

图 2-109

图 2-110

创建曲线调整图层，选择 a 通道，向上拖动曲线，可以看到照片明显变红，如图 2-111 所示。

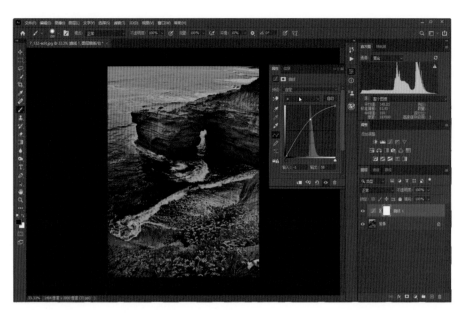

图 2-111

向下拖动曲线，照片变绿，如图 2-112 所示。

图 2-112

第 3 章

五大核心原理

本章将介绍照片在 Photoshop 中进行后期处理时，所涉及的一些基础知识和原理等。掌握这些基础知识和原理以及各类工具的用法，才能够真正地在摄影后期处理中做到得心应手、游刃有余。

后续章节将对本章所介绍的基本原理给出具体的案例和练习，方便大家理解和掌握。

3.1
直方图

064 直方图是怎样构成的?

直方图是用于衡量照片明暗的一个重要指标,在相机中回放照片时,可以调出直方图,查看照片的曝光状态。在后期软件中,直方图是指导调整明暗最重要的一个标准。在 Photoshop 或 ACR 的工作界面右上角都有一个直方图,它是非常重要的关于明暗的衡量标尺。一般来说,调整明暗时,需要随时观察照片调整之后的明暗状态,不同显示器的明暗显示状态也不同,如果只靠肉眼观察,可能无法非常客观地描述照片的高光与暗部的影调分布状态;但借助直方图,再结合肉眼的观察,就能够实现更为准确的明暗调整。下面来看直方图的构图原理。

首先在 Photoshop 中打开一幅从黑到白的图像,这是一幅有黑色、深灰、中间灰、浅灰和白色的图像,打开之后,界面右上方出现了直方图,但是直方图并不是连续的波形,而是一条条的竖线。根据它们之间的对应关系,直方图从左向右对应像素不同的亮度,最左侧对应的是纯黑色,最右侧对应的是纯白色,中间对应的是深浅不一的灰色,因为由黑到白的过渡并不是平滑的,所以表现在直方图中是一条条孤立的竖线,如图 3-1 所示。直方图从左到右对应的是照片从纯黑色到纯白色不同亮度的像素,不同线条的高度则对应的是不同亮度像素的多少,纯黑色的像素和纯白色的像素非常少,它们对应的竖条高度比较矮,中间的灰色的像素比较多,它们对应的竖条的高度比较高,由此可以较为轻松地理解直方图与像素的对应关系。

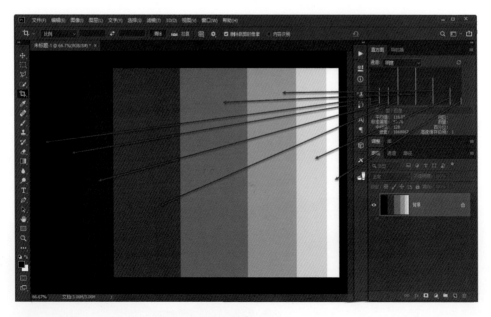

图 3-1

再来看一张照片。图 3-2 所示照片中，像素从纯黑色到纯白色是非常平滑并连续过渡的，表现在直方图中也是如此，这样就掌握了直方图与照片的明暗对应关系。

图 3-2

065 直方图的属性与用途是什么？

打开一张照片之后，初始状态的直方图如图 3-3 所示，直方图中有不同的颜色，对应的是不同色彩的明暗分布。

如果要调整为比较详细的直方图，可以在"直方图"面板右上角打开折叠菜单，选择"扩展视图"。在"通道"下拉列表中选择"明度"，可以更为直观地观察对应明暗分布的直方图，注意此处是明度直方图，如图 3-4所示。

图 3-3

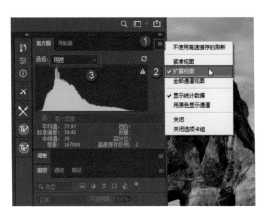

图 3-4

066 高速缓存如何设定？

初次打开的明度直方图右上角有一个警告标记，如图 3-5 所示。它对应的是"高速缓存"。高速缓存是指在处理照片时，直方图处于"抽样"的状态，并非与完整的照片像素一一对应，因为在处理时，软件会对整个照片进行简单的抽样，这样会提高处理时的显示速度。如果单击高速缓存标记使之消失，此时的直方图与照片会形成准确的对应关系，但处理照片时，它的刷新速度会变慢，从而影响后期处理的效率。在大部分情况下，高速缓存是默认自动运行的，当然，高速缓存是可以在软件的首选项中进行设定的，高速缓存的级别越高，抽样的程度越大，与直方图对应的准确度越低，但是运行速度越快。如果设定较低的高速缓存级别或设定为"无"，比如没有高速缓存，则直方图与照片会对应得非常准确，但是刷新速度会比较慢。从当前画面中可以看到，下方的高速缓存级别为 2，这是一个比较高的级别。

如果单击高速缓存标记使之消失，直方图会有一定的变化，如图 3-6 所示。

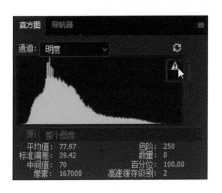

图 3-5

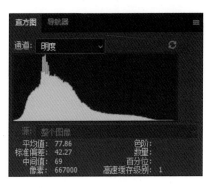

图 3-6

067 直方图参数如何解读？

打开一张照片，在直方图上单击，下方会出现大量的参数值，如图 3-7 所示。

其中，"平均值"指的是画面所有像素的平均亮度。比如，亮度为 0 的像素有多少个，亮度为 128 的像素有多少个，亮度为 255 的像素有多少个，将这些像素的亮度相加，再除以像素总数，就得出平均值，平均值能反映照片整体的明暗状态。这里普及一个小知识——一张照片或一幅图像的像素在 Photoshop 中的亮度共有 256 级，纯黑为 0 级亮度，纯白为 255 级亮度，其他大部分的像素亮度位于 0~255 级之间，当然某个亮度的像素可能会有很多个。

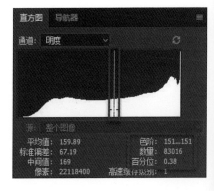

图 3-7

"标准偏差"是统计学上的概念，这里不做介绍。

"中间值"可以在一定程度上反映照片整体的明亮程度，此处的中间值为 169，表示这张照片整体是偏亮的。

"像素"对应的是照片所有的像素数，用照片的长边像素数乘宽边像素数，就是照片的总像素数。

"色阶"表示当前单击鼠标所选择的位置像素的亮度。

"数量"表示所选择的这些像素中有多少个亮度为 151 的像素，此处这个亮度的像素共有 83 016 个。

"百分位"是指亮度为 151 的像素个数占总像素个数的百分比。

以上就是直方图所显示信息的详细介绍。

068 五类常见直方图都有哪些？

通常情况下，对于绝大部分照片来说，其显示出的直方图形式可以分为五类。

第一类是曝光不足的直方图，如图 3-8 所示。从直方图来看，该照片的暗部像素比较多，而其亮部是缺乏像素的，甚至有些区域没有像素，因此照片比较暗，这表示照片可能曝光不足。从照片来看，它确实是曝光不足的一张照片。

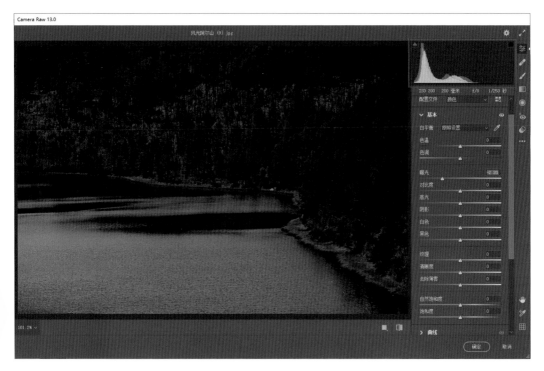

图 3-8

　　第二类是曝光过度的直方图，如图 3-9 所示。从直方图来看，其大部分像素位于比较亮的区域，而暗部像素比较少，这是一种曝光过度的直方图。从照片来看确实如此。

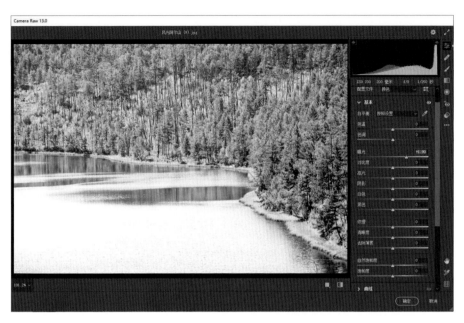

图 3-9

　　第三类是影调缺乏过渡的直方图，如图 3-10 所示。从直方图来看，照片中暗部与亮部的像素比较多，中间调区域的像素比较少，这表示照片的反差大，缺乏影调的过渡。从照片来看确实如此。

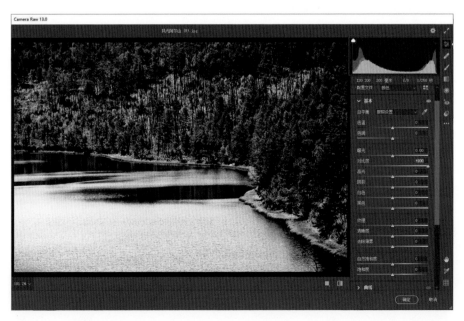

图 3-10

　　第四类是影调反差较小的直方图，如图 3-11 所示。从直方图来看，暗部与亮部都缺乏像素，大部分像素集中于中间调区域，这种直方图对应的照片一定反差比较小，灰度比较高，画面宽容度会有所欠缺。从照片来看，也确实如此。

图 3-11

　　第五类是影调分布均匀的直方图，也是比较正常的一类，如图 3-12 所示。大部分照片在经过调整之后，都会有这样的直方图，无论是暗部还是亮部都有像素出现，从最暗到最亮的各个区域像素分布比较均匀，这张照片中虽然暗部和亮部像素比较多，反差比较大，但整体是比较正常的。

图 3-12

　　最后单独介绍一下直方图波形，如果最亮或最暗的部分有大量像素堆积，则说明照片有问题。比如黑色的像素非常多，就会出现暗部溢出的问题，大量像素变为纯黑之后，这些纯黑的像素是无法呈现像素信息的；白色的像素也是如此，如果纯白的像素非常多，就会出现高光溢出的问题。正常来说，大部分像素的亮度应该在 0~255 级的中间，并需要有像素达到 0 级亮度和 255 级亮度，且在两端不能出现像素的堆积。

069 特殊直方图都有哪些?

之前介绍了直方图的五种常见形式，现在有一些特例要单独介绍一下。

第一类特殊直方图，从直方图看，更多的像素位于直方图的右侧，也就是说照片的整体亮度较高，这似乎是一种过曝的直方图。从照片来看，画面的浅色系景物占据绝大多数，这种画面本身就呈现了一种"高调"的效果，如图3-13所示。所以，有时看似过曝的直方图，实际上它对应的是高调的风光或人像画面。在这种情况下，只要没有出现过曝，那就是没有问题的。出现过曝时，直方图右上角的警告标记（三角标）会变为白色。

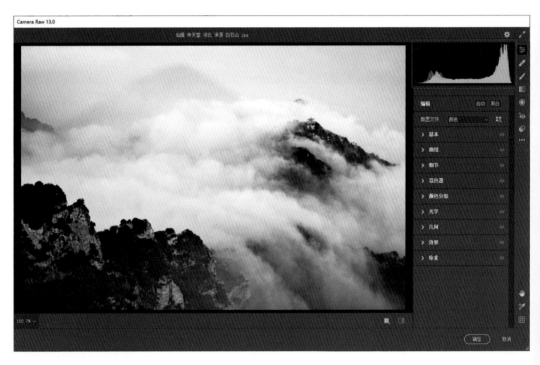

图 3-13

第二类特殊直方图，从直方图看，暗部有一些像素堆积，亮部也有像素堆积。这是一种反差过大的直方图，中间调的像素有所欠缺，明暗的层次过渡得不够理想。从照片来看，会发现照片本身就是如此，因为这是逆光拍摄的，白色的云雾亮度非常高，逆光的山体接近黑色，所以它的反差本身就应该比较大，这也是比较正常的，如图3-14所示。在高反差场景中，比如拍摄日落或日出时的逆光场景，画面中往往会有较大的反差，直方图波形也是看似不正常的，但这也是一种比较特殊的影调输出方式。

图 3-14

　　第三类特殊直方图，从直方图来看，这是一张严重欠曝的照片，是有问题的。但从照片来看，它本身强调的是日照金山的场景，有意压低了山周边的曝光值，呈现一种明暗对比的画面效果，是没有问题的。虽然从直方图看似乎曝光不足，并且左上角的三角标变白，表示有大量像素为纯黑色，但从照片效果来看，这是一种比较有创意的曝光，是没有问题的，如图 3-15 所示。

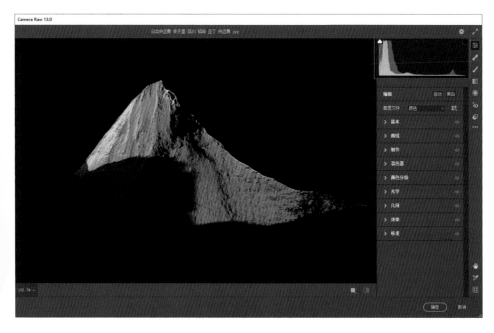

图 3-15

第四类特殊直方图，从直方图看，暗部和亮部都缺乏像素，而大部分像素集中于中间偏亮的区域，这是一种孤空型的直方图，这种直方图对应的画面，通透度有所欠缺，对比度比较低。但从照片来看，要的就是该影调，是没有问题的，如图 3-16 所示。这也是一种比较特殊的情况。

图 3-16

070 256级全影调是什么意思？

摄影中的影调其实是指画面的明暗层次。明暗层次的变化，是由景物之间的受光不同、景物自身的明暗与色彩变化所带来的。如果说构图是摄影成败的基础，那影调则在一定程度上决定着照片的深度与灵魂。

来看三张图片，图 3-17 所示图片画面中只剩下纯黑和纯白像素，中间调区域几乎没有像素，细节和层次都丢失了，这只能称为图片而不能称为照片了。

图 3-18 所示的图片，除了黑色和白色之外，中间调区域出现了一些像素，这样画面虽然依旧缺乏大量细节，并且层次过渡得不够平滑，但相对前一张图片好了很多。

图 3-19 所示的图片，从纯黑到纯白之间，有大量像素位于中间调区域进行过渡，明暗层次过渡是很平滑的，因此细节也非常丰富和完整。正常来说，照片都应该是如此的。

从上面三张图片我们可以知道：图片的明暗层次应该是从暗到亮平滑过渡的，不能为了追求高对比度的视觉冲击力而让图片损失大量中间调的细节。

下面我们通过一张有意思的示意图来对前面的知识进行总结。看图 3-20 中的第 1 行，只有纯黑和纯白两级的明暗层次，称为 2 级明暗，这与图 3-17 中只有纯黑和纯白两种像素的画面效果就对应了起来；第 2 行，除纯黑和纯白之外，还有中间调进行过渡，这就与图 3-18 中的效果对应起来；而第 3 行，从纯黑到纯白之间有 256 级明暗，并且逐级变亮，明暗层次的过渡已经非常平滑了，这就与图 3-19 所示的效果对应起来了。

图 3-17　2 级明暗，只有黑和白　　　　图 3-18　5 级明暗，有黑、灰和白　　　　图 3-19　256 级别明暗，从黑到白

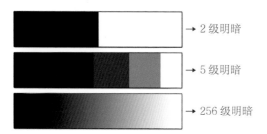

→ 2 级明暗

→ 5 级明暗

→ 256 级明暗

图 3-20

之前已经介绍过直方图的概念，如果将 256 级明暗过渡色阶放到直方图下面，可以非常直观地看出直方图的横坐标对应了从纯黑到纯白的影调，如图 3-21 所示。

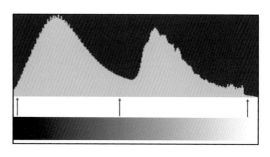

图 3-21

对于一张照片来说，从纯黑到纯白都有足够丰富的明暗层次，并且过渡平滑，那么这张照片就是全影调的，直方图看起来也会比较正常。照片画面从纯黑到纯白有平滑的影调过渡，照片整体的影调层次才会丰富和优美，如图 3-22 所示。

图 3-22

071 影调按长短怎样分类？

全影调的直方图从纯黑到纯白都有像素分布，画面的影调还被称为长调。从图 3-23 中可以看到，最左侧代表纯黑，最右侧代表纯白，中间调区域有平滑过渡。

图 3-23

除长调外，照片的影调还有中调和短调两种。

中调与长调最明显的区别是中调的暗部、亮部可能会缺少一些像素，或两个区域同时缺乏像素，如图 3-24 所示。因为缺乏亮部或暗部像素，所以这种照片的通透度可能有些欠缺，但这类摄影作品给人的感觉会比较柔和，没有强烈的反差。

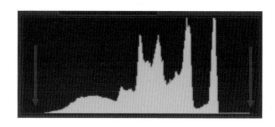

图 3-24

短调通常是指照片对应的直方图的宽度不足直方图框宽度的一半，如图 3-25 所示。整个直方图框从左到右代表 0~255 共 256 级亮度，短调的"波形"分布不足一半，也就是不足 128 级亮度，而其对应的摄影作品的影调被称为短调。

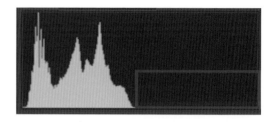

图 3-25

图 3-26 所示照片，就是一种短调摄影作品，可以看到其直方图的波形主要位于左侧，右侧没有亮度，如图 3-27 所示。照片画面比较灰暗，缺乏大量的亮部像素。通常情况下短调摄影作品比较少见。一些夜景微光场景中，可能会出现这种影调的摄影作品。

图 3-26

图 3-27

072 影调按高低怎样分类？

之前在介绍直方图的概念后，还介绍过两种特殊情况的直方图，分别对应高调和低调的照片。高调与低调是影调的另外一种划分方式，也是一种比较主流的分类方式。简单来说，我们将256级明暗分为10个级别，左侧3个级别对应的是低调区域，中间4个级别对应的是中间调区域，右侧3个级别对应的是高调区域。

直方图的波形重心，或者说照片的大量像素堆积在哪个影调区域，就被称为哪个影调的照片或摄影作品。比如，直方图波形重心位于左侧3个级别区域内，照片就是低调摄影作品；位于中间4个级别区域内，照片就是中间调摄影作品；位于右侧3个级别区域内，就是高调摄影作品，如图3-28所示。

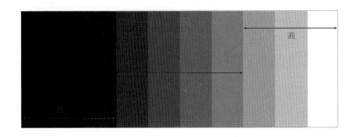

图3-28

图3-29所示为山峰与星空的照片，如图3-30所示，从直方图来看，其波形重心位于低调区域，这是一张低调的风光摄影作品。如果再从影调长短来看，这张照片直方图的影调不属于长调或短调，而属于中调，所以综合起来，就可以称这张照片的影调为低中调。

图3-29

图 3-30

再来看几个案例。

图 3-31 所示的照片，波形重心位于直方图中间，是中间调；缺乏亮部和暗部像素，属于中调，所以综合起来是中中调（前一个中是高中低的中，后一个中是长中短的中）的摄影作品，如图 3-32 所示。

图 3-31

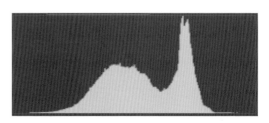

图 3-32

图 3-33 所示的照片，波形重心位于高调区域，是高调；影调从纯黑到纯白都有分布，是长调，如图 3-34 所示；所以综合起来是高长调的摄影作品。

图 3-33

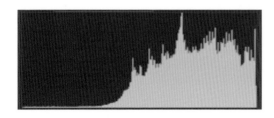

图 3-34

总结一下，高、中和低 3 种影调的摄影作品，每一种又可以按影调长短分为 3 类，最终就会有低短调、低中调、低长调、中短调、中中调、中长调、高短调、高中调和高长调 9 种。

073 全长调画面有什么特点?

　　不同影调的摄影作品给人的感觉会有较大差别，比如高调的摄影作品会让人感受到明媚、干净、平和；低调摄影作品则往往会充满神秘感，还可能会有大气、深沉的氛围；中调摄影作品往往比较柔和。

　　需要注意的是，低短调、中短调和高短调摄影作品因为缺乏的影调层次实在较多，所以画面效果可能不太容易控制，使用时要谨慎一些。

　　除 9 种常见影调之外，还有一种比较特殊的影调——全长调。这种影调的照片中，主要像素为黑白两色，中间调区域很少，如图 3-35、图 3-36 所示。从这个角度来说，全长调的画面效果控制难度非常大，稍有不注意就会让人感觉不舒服。

图 3-35

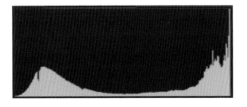

图 3-36

3.2
互补色

074 互补色的概念是什么？怎样分布？

如果两种色彩相加得白色，那么这两种色彩就被称为互补色。在摄影创作的过程中，互补色的照片给人的视觉冲击力是非常强的，画面的色彩反差非常大，往往具有一种对比效果。

在图 3-37 中，红色与青色混合会得到白色，那么红色与青色就是互补色，而蓝色与黄色、绿色与洋红也是互补色。将这些色彩更为详细地放在色轮图上，可以看到更多的互补色。

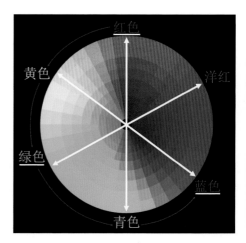

图 3-37

075 为什么互补色相加得白色？

自然界中的太阳光经过"分离"后，会得到红、橙、黄、绿、青、蓝、紫 7 种色彩的光，而大部分色彩的光可以经过二次分离，分离出红、绿、蓝 3 种色彩，也就是说，所有的光，最终会被分解为红、绿、蓝 3 种光，红、绿、蓝也被称为三原色，即三种最基本的色彩。也可以这样认为，三原色相加，最终得到白色（太阳光可以被认为是没有颜色的，也可以被认为是白色的）。

根据上一小节所介绍的，红色与青色为互补色，两者相加得白色。从三原色图上就可以明白这种互补色相加得白色的原因：青色是由蓝色与绿色相加得到的，红色与青色相加，实际上就是红色、蓝色和绿色 3 种原色相加，结果自然是白色，如图 3-38 所示。

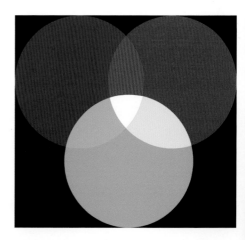

图 3-38

076 互补色在色彩平衡中怎样应用？

在 Photoshop 中打开一张照片，创建一个色彩平衡调整图层。在打开的色彩平衡面板中，有青色与红色、洋红与绿色、黄色与蓝色这 3 组色彩，色条右侧是三原色，左侧是它们各自对应的互补色，如图 3-39 所示。所以，掌握了互补色的原理，就能够有针对性地调整这 3 组色彩。我们需要牢牢记住这 3 组色彩，因为在整个 Photoshop 的调色过程中，这 3 组色彩会贯穿始终。

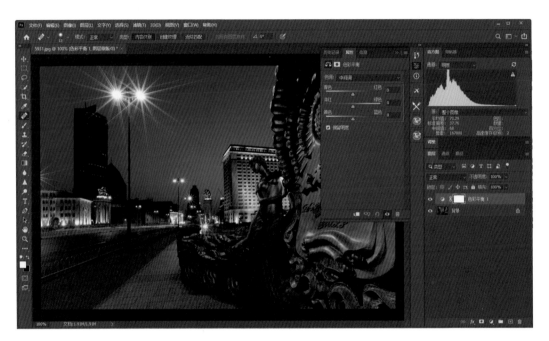

图 3-39

具体调色时，要通过调整每一种色彩与其互补色两者的比例，来使色彩正确显示，如果发现照片中某个区域偏红，就需要降低红色的比例（增加青色的比例）。照片偏哪一种色彩，需要通过不断的后期练习，根据自己的认知来进行判断。

天空部分应该是蓝色的，此时有一些偏紫、偏洋红，就需要降低洋红的比例，让天空部分的色彩变得更加准确。左下方的地面部分也有一些偏红，黄色的表现力度不够，因此可以增加黄色的比例，结合之前已经降低的红色的比例，最终让地面部分的色彩趋于正常，如图 3-40 所示。通过色彩平衡的调整，可以让整个画面色彩趋于正常。色彩平衡的调整比较复杂，具体要结合色调的中间调、高调或低调来调整不同的区域，在调整中间调时的效果最为明显，也就是一般亮度区域。

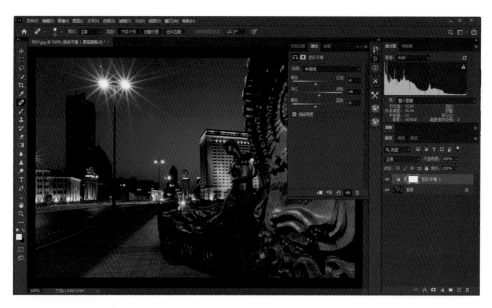

图 3-40

077 互补色在曲线中怎样应用?

互补色是后期软件调色中最重要的一种色彩原理。之前介绍了色彩平衡的调整,接下来看另外一种非常重要的调色——曲线调整。

创建一个曲线调整图层,在打开的曲线面板中,有 RGB、红、绿、蓝几种模式,如图 3-41 所示。调色时可以根据实际情况调整。

图 3-41

如果照片偏绿，可以直接在绿色曲线上在单击创建锚点，并向下拖动，就可以减少绿色。如果照片偏黄，由于没有黄色曲线，就应该考虑使用黄色的补色——蓝色，只要增加蓝色，就相当于减少黄色，这样就可以实现调整的目的，如图3-42所示。这是曲线调色的原理，实际上，它本质上也是互补色调色原理。色彩平衡、曲线，甚至色阶调整等，都有简单调色的功能，调色的原理几乎都是互补色原理。

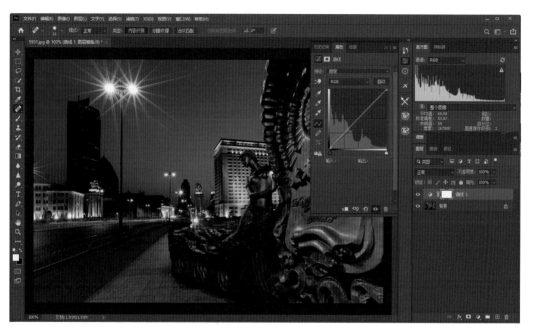

图 3-42

078 互补色在可选颜色中怎样应用？

可选颜色调整针对照片中某些色系进行精确的调整。举一个例子来说，如果照片偏蓝色，利用可选颜色工具可以选择照片中的蓝色系像素进行调整，还可以增加或消除混入蓝色系的杂色。

打开要处理的照片，在"图像"菜单内选择"调整"选项，在打开的子菜单中选择"可选颜色"命令，即可打开"可选颜色"面板，如图3-43所示。对于"可选颜色"的使用，虽然看似不易理解，但实际上非常简单。在面板中间上方的"颜色"下拉列表框中，有红色、黄色、绿色、青色、蓝色、洋红，还有白色、中性色和黑色几种特殊的通道。要调整哪种颜色，先在这个下拉列表框中选择对应的色彩通道，然后对照片中对应的色彩进行调整就可以了。

122

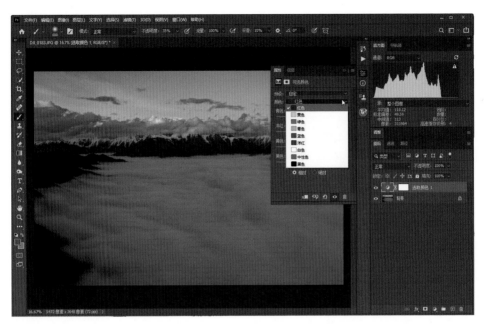

图 3-43

本例中，照片稍稍偏青，因此选择青色通道，降低青色的比例，相当于增加红色，画面色彩会趋于平衡。适当降低黑色的比例，画面中的暗部会被提亮，反差缩小，影调变得更柔和，如图 3-44 所示。

图 3-44

079 互补色在ACR中怎样应用?

互补色的调色原理在 ACR 中也是适用的，但是它在 ACR 中的分布比较特殊，主要集成在色温调整以及校准的颜色调整中。

依然以这张照片为例，在 ACR 中打开，先打开"对比视图"，再打开"校准"面板，如图 3-45 所示。

图 3-45

在"校准"面板中，根据照片的状态进行分析。天空有一些偏紫，就可以调整蓝原色，把蓝原色的色相滑块向左拖动。从色条上看，右侧是有一些偏紫的。向左拖动色相滑块之后，天空的蓝色变得更加准确，不再偏紫。地面部分有一些偏红，在红原色中向右拖动色相滑块，给地面增加黄色，地面也得到调整，如图 3-46 所示。这样，整个照片的色彩就实现了整体的校正。

需要注意的是，"校准"面板中的原色调整，除了简单调色之外，还有一个非常大的作用——统一画面的色调。对天空中偏紫的蓝色进行调整，调整的不仅是紫色，实际上整个冷色调都会向偏青的方向发展，这样可以快速统一冷色调，让它们更加相近。对于地景，让其向偏黄的方向发展，也是如此，可以让整个暖色调更加统一，天空中的灯和地面的橙色、黄色的像素，都会增加黄色，这种原色的调整可以快速让冷色调和暖色调分别向一个方向发展，从而达到快速统一画面色调的目的。所以，原色调整在当前的摄影后期中非常流行，很多的"网红"色调就是通过原色调整来实现的。

124

如果想调整色
温，只需要切换到基
本面板，在基本面板
中使用"色温"和"色
调"两个选项。"色
温"左侧为蓝色，右
侧为黄色；"色调"
左侧为绿色，右侧为
洋红。色温和色调的
色条左右两端的颜色
是互补色。

图 3-46

3.3
参考色

080 同样的色彩为什么感觉不一样？

什么是参考色？

将同样的蓝色放在不同的色彩背景上，这个蓝色给人的感觉是完全不同的。在黄色背景、青色背景和在
白色背景中，同样的蓝色会让人感觉到是不同的，如图 3-47 所示。哪一种蓝色给人的感觉才是准确的呢？
其实非常简单，在白色背景中的蓝色给人的感受是最准确的；在黄色与青色背景中的蓝色，给人的感觉是有
偏差的。在这个案例中，蓝色所处的背景就是参考色。无论是在前期的拍摄还是在后期处理中，以白色或者
没有颜色的中性灰以及黑色为参考色来还原色彩，才能得到最准确的效果。

 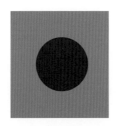 

图 3-47

081 怎样确保感受到正确的色彩?

1. 显示器准确

　　摄影后期中,对于色彩并没有太好的衡量标准,更多是依靠设备的性能及人眼对色彩的识别能力。从器材的角度来说,有一个能够准确显示色彩的显示器是进行后期处理的先决条件。

2. 设定合适的色彩空间

　　如果从软件设定的角度来说,在计算机、手机上观看照片,那么照片处理完成后,输出照片之前,一定要将照片的目标空间配置为sRGB,如图3-48所示。

图 3-48

3. 反复观察和思考照片

　　大多数情况下,长时间在计算机前修片,人对色彩的识别能力会下降,盲目出片可能会导致修出的照片色彩不准确,或不够理想,建议修片完成,在打印照片之前放松一下,看一下白色的景物,或看一下远处的风景,之后再来观察照片。并思考当前的色调是否与自己想要的主题效果相符合。反复观察和思考照片,会让照片的色彩更准确,更具表现力。

图 3-49

082 参考色在相机中怎样应用？

参考色在相机中的应用是指用户在进行拍摄的场景中，用白板或灰板进行拍摄，然后将这种色彩标准内置到相机中，相当于告诉相机这是真正的"白色"，让相机以此为参考还原色彩。这样可以得到准确的色彩。

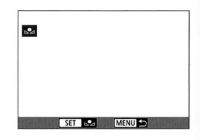

图 3-50

这里有一个前提是要选自定义白平衡。告诉相机参考色时，一定要让拍摄的白板或灰板放置于拍摄的环境中，与所拍摄的主体受光处于一样的状态，这样才能够得到最佳效果。

先拍摄白色对象，之后将白色照片内置到相机的自定义白平衡中，如图 3-50、图 3-51 所示。

图 3-51

083 参考色在曲线调整中怎样应用？

在 Photoshop 中，参考色的应用也是进行白平衡的调整。

依然是这张照片，创建一个曲线调整图层，在曲线调整面板左侧，选择中间的"白平衡调整吸管"工具，在照片中的中性灰位置单击进行确定，这样就完成了白平衡的调整，如图 3-52 所示。

图 3-52

调整的效果如果不够理想，可以在曲线面板中选择不同颜色的曲线，进行简单的调色，以得到更好的效果，如图 3-53 所示。

图 3-53

084 参考色在色阶调整中怎样应用？

参考色在色阶调整中的应用与曲线调整基本完全一样。创建色阶调整图层，在打开的色阶面板左侧选择中间的吸管，然后在照片的中性灰的位置单击取样，即完成了白平衡的调整，如图 3-54 所示。

当然，调整完后，用户还可以选择不同的通道进行色彩的微调，让色彩更准确。

图 3-54

085 参考色在ACR中怎样应用?

在 ACR 中打开这张照片，在"基本"面板中，对"曝光值""对比度""高光"等各种参数进行一个基本的调整，这个调整后续会详细介绍，这里只是快速进行一个简单的调整，让照片各部分呈现出更多的影调层次和细节，如图 3-55 所示。

图 3-55

调整完成之后进行调色，调色时，最简单的是白平衡调整。白平衡调整就是告诉软件什么是真正的白色或者没有颜色。因为白色在自然光中就是"没有颜色"的表现，它本质上与中性灰或黑色是完全相同的，只是白色的反射率非常高，中性灰的反射率比较低，而黑色几乎没有反射率，它们都是综合的光，某种意义上是没有颜色的。

在后期软件中进行白平衡调整时，可以在"白平衡"右侧选择"白平衡吸管"工具，找到照片中应该为纯白、中性灰或纯黑的位置并单击，这个单击相当于告诉软件：这个位置是没有颜色的，软件就会以此为基准进行整个色彩的还原，如图 3-56 所示。照片中有多个这样的位置，选择一个位置之后单击，直方图中很多的色彩趋向于"靠拢"，大部分向与呈现浅灰色的直方图靠拢，表示进行了更为准确的色彩还原操作。

图 3-56

如果还原的效果不算特别好，可能是因为选择的位置的灰色有偏差，可以继续调整下方的"色温"和"色调"，让色彩还原得更准确，这是白平衡调整的核心原理，如图 3-57 所示。

图 3-57

在风光摄影当中，最准确的色彩并不一定有最好的效果，所以在实际应用中，往往要根据现场的具体情况和画面的表现力来进行白平衡的调整，让照片的色彩更有表现力。

这张照片降低了色温值，画面整体的清冷的色调与地面的灯光形成了冷暖的对比，画面有很好的效果。调色之后，再微调一些影调参数，这张照片的色彩就得到了很好的校正，这是参考色在后期处理中的应用，它主要进行色彩的校正，如图 3-58 所示。

图 3-58

3.4
相邻色

086 相邻色的概念与特点是什么？

接下来介绍相邻色的概念和特点，以及它在后期处理中的应用。

相邻色与互补色不同，互补色是一种对比的颜色，色彩反差非常大；相邻色则是指在色轮图上两两相邻的色彩，比如红色与黄色、黄色与绿色、绿色与青色等，都互为相邻色，如图 3-59 所示。相邻色表现在照片中，让照片显得非常协调和稳定，给人比较自然、踏实的感觉。

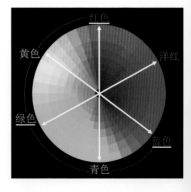

图 3-59

　　图3-60所示照片中，地面的灯光有黄色、橙色和红色，这些灯光的颜色混合在一起，给人一种非常协调、融合度非常高的感觉。这是相邻色在照片中的一种表现。

图3-60

⑧⑦ 相邻色在Photoshop中怎样应用？

　　将这张照片在Photoshop中打开。要调整相邻色，可以新建一个色相/饱和度调整图层。在色相相应的面板中，色相条中的色彩就是两两相邻的，要让黄色向红色的方向过渡，让灯光部分的色彩更加相近，可以通过拖动"色相"滑块来实现，如图3-61所示。

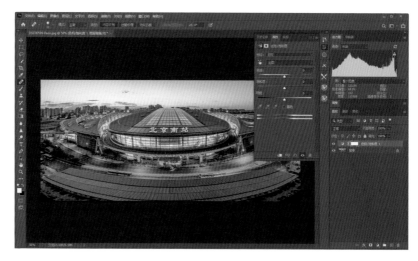

图3-61

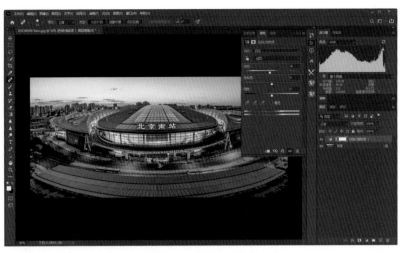

经过调整之后，灯光部分的色彩更加相近，只是明暗依然有所差别，如图3-62所示。这是相邻色在 Photoshop 中的应用。这种色相的调整在 Photoshop 中是比较少的，但是它的基本原理是相邻色原理。

图 3-62

088 相邻色在ACR、LR中怎样应用？

ACR、LR 是相邻色应用得最广泛的软件，并且能够实现非常强大、非常完美的后期处理功能。

依然是这张照片，将其载入 ACR，打开混色器面板，设定 HSL 调整，在下方的色相子面板中进行调整。针对原本有橙色、黄色的灯光部分，可以将黄色滑块向左拖动，即由黄绿色向黄橙色调整，调整之后，灯光部分的色彩快速趋于相近，整体的色彩开始变得"干净"，而不像之前有黄色、有橙色。针对原本显得稍稍偏青的天空部分，可以将蓝色滑块向右拖动，即由青色向蓝色调整，让天空的色彩显得更加准确一些，如图3-63所示。

在ACR中进行调色，混色器中的 HSL 调整是最核心的部分，在后续随着一些具体的案例还会介绍。这里需要单独说明一点，在 ACR 12.3 之前的版本中，混色器面板称为 HSL 调整面板；在 12.4 及之后的版本中，HSL 面板已经改为混色器面板，但功能基本是完全一样的。

图 3-63

3.5
黑、白、灰

　　黑、白、灰的应用相对来说非常复杂，主要分为两大类：一类是具体在使用影调调整功能时，白色对应的是最亮的区域，黑色对应的是最暗的区域，灰色对应的是中间调区域；另外一类，黑、白、灰主要具有对选择工具的指导作用，一般来说白色代表"选择"，黑色代表"不选"，灰色代表"部分选择"，这个部分选择比较特殊，选择度可能不是 100%，但也是有一定的选择。

089 怎样借助黑、白、灰校准白平衡？

　　黑、白、灰的原理在 Photoshop 中的最后一种应用是定义黑、白、灰场。

　　创建一个曲线调整图层，其面板左侧有 3 个吸管图标，之前已经介绍过中间的"白平衡吸管"，白平衡吸管上方还有一个"黑色吸管"，下方有一个"白色吸管"，如图 3-64 所示。黑色吸管用于告诉软件某个位置是纯黑的，也就是 0 级亮度的；白色吸管用于告诉软件所选的位置是纯白的，也就是 255 级亮度的。如果选择的位置有误，那么照片在明暗调整时就会出现问题。所以，借助白色吸管定白场时，一定要选择照片中最白的部分；借助黑色吸管定黑场时，一定要选择照片中最黑的部分。如果用黑色吸管选择照片中不够黑的位置，告诉软件这个位置亮度为 0 级，那么原照片中，比这个位置还要黑的部分，全部都会变为黑色，会出现大片的暗部溢出；如果用白色吸管单击了照片中某个不够亮的位置，那么原照片中比所选择的位置还要白的一些区域，都会变为白色，会出现大片的高光溢出。也就是说，黑场和白场的确定，如果使用这两个吸管，一定要谨慎，大多数情况下需要放大照片进行观察。随着当前后期软件技术的不断进步，借助于"黑色吸管"和"白色吸管"进行定黑场和定白场的做法越来越少，这里主要是介绍黑、白、灰的一些最基本的原理。

图 3-64

090 黑、白、灰与选择度怎样对应？

将这张夜景照片在 Photoshop 中打开，切换到通道面板，通道面板中有 4 个通道，分别是 RGB 通道和红、绿、蓝这 3 个原色通道。

在红通道中，白色的区域是红色成分含量比较多的像素区域。如图 3-65 中街道的车灯、建筑内的照明灯等。红色成分含量都非常高，它以白色显示，红色成分含量越高，就越白。因为楼体上的灯光偏黄色，红色成分含量已经降得很低了，所以白色就不是很多。

图 3-65

在蓝通道中，天
空本身严重偏蓝，整
体白色非常多，地面
是红色的，白色非常
少，这里的白色对应
的是蓝色。灰色区域
表示这些区域含有一
定量的蓝色，但是蓝
色的含量非常低，如
图 3-66 所示。

图 3-66

如果按住 Ctrl 键并单击红通道，照片中就会出现选区，地面的纯白部分会完全被选择出来，天空中一些
比较亮的灰色区域也会被选择出来，而画面中比较暗的灰色区域是不会被选择的，如图 3-67 所示。其中，
白色对应的是"选择"，黑色对应的是"不选择"，灰色对应的是"部分选择"即黑、白、灰对应的选择度
不同。

无论是借助通道与选区进行切换，还是借助色彩范围或其他选择工具进行选区的建立，这种黑、白、灰
的原理是贯穿始终的，它指导我们对选区的选择和调整，后续会详细讲解。

图 3-67

下面来看黑、白、灰在蒙版中的应用，这种应用本质上与选择度有相关性。

创建一个曲线调整图层，大幅度压暗画面，这时照片整体的亮度非常低。在蒙版中进行渐变调整，蒙版下方是黑色，上方是白色，中间是灰色，如图 3-68 所示。白色的区域表示调整效果全部显示；黑色相当于把降低亮度的效果给删除了；灰色表示调整的效果部分显示，没有 100% 显示。也就是进行了降低亮度的调整后，白色完全呈现调整的效果，黑色完全不呈现调整的效果，灰色部分呈现调整的效果。从蒙版的角度来说，白色就表示完全显示当前调整图层的调整效果，黑色是完全遮挡，灰色是部分遮挡。关于黑、白、灰在蒙版中的应用，后续的章节中会详细介绍，这里只是为了验证一下黑、白、灰与选择度的相关性。

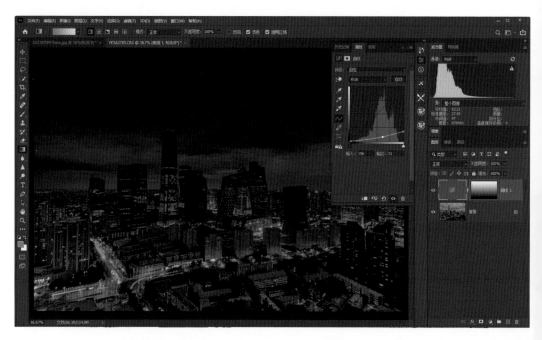

图 3-68

第 4 章

风光摄影后期
四大要点

风光摄影对于后期处理的要求是非常高的，它涉及二次构图、影调重塑、色调调修、画质优化等多个方面，本章将从这四个方面对风光摄影的后期进行全方位的讲解。

4.1
构图

091 怎样通过裁掉干扰让照片变干净？

如果照片当中，特别是画面四周有一些干扰物，比如明显的机械暗角、树枝、岩石等，会分散观者的注意力、影响主体的表现力，这时可以通过最简单的"裁剪"方法将这些干扰物裁掉，实现让主体突出、画面干净的目的。

如图 4-1 所示，打开原始照片，可以看到照片的四周有一些比较"硬"的暗角，如果通过镜头校正等方式进行处理，暗角消除得可能不是特别自然，这时可以借助裁剪工具，将这些干扰物消除。

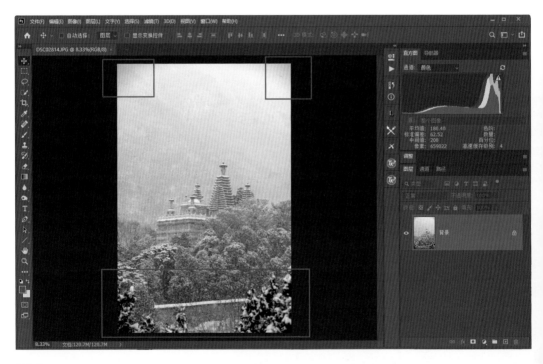

图 4-1

选择"裁剪工具"，在上方的选项栏中设定裁剪比例，直接在照片中按住鼠标左键并拖动就可以确定要保留的区域，确定要保留的区域之后，在上方的选项栏的右侧单击相应的"确定裁剪"按钮，即可完成裁剪；也可以把鼠标指针移动到要保留的区域内，双击鼠标左键完成操作，如图 4-2 所示。

图 4-2

092 怎样让构图更紧凑？

有时候拍摄的照片四周可能会显得比较空旷，主体之外的区域过大，导致画面显得不够紧凑，这时同样需要借助裁剪工具来裁掉四周的不紧凑区域，让画面显得更紧凑、主体更突出，如图 4-3 所示。

在 Photoshop 当中打开原始照片，可以看到需要表现的主体是长城，四周的山体分散了观察者的注意力，让主体显得不够突出，可以在工具栏中选择"裁剪工具"，设定裁剪比例，按住鼠标左键并拖动鼠标至理想位置，然后将鼠标指针移动到要保留的区域内，双击即可完成裁剪。

图 4-3

　　裁剪之后，如果感觉裁剪的位置不够合理，还可以把鼠标指针移动到裁剪边线上，当鼠标指针形状变为双向箭头时进行拖动，可改变裁剪区域的大小，如图 4-4 所示。

图 4-4

　　也可以把鼠标指针移动到裁剪区域的中间位置，鼠标指针形状变为图 4-5 中所示形状时，拖动鼠标移动裁剪框的位置即可。

图 4-5

093 怎样切割画中画？

　　有些场景中可能不止一个拍摄对象具有很好的表现力。如果大量的拍摄对象都具有很好的表现力，这时可以进行画中画式的二次构图。画中画式的二次构图是指，通过裁剪只保留照片的某一部分，让这些部分单独成图。

　　图4-6所示的照片中，场景比较复杂，所有建筑一字排开。仔细观察可以发现，某些局部区域可以单独成图，下面讲解画中画式的二次构图。

图 4-6

　　在 Photoshop 中打开原始照片，在工具栏中选择"裁剪工具"，在选项栏中打开"比例"下拉列表框，可以看到不同的裁剪比例，有 1：1、2：3、16：9 等。可以直接选择原始比例，保持原有的比例不变。

　　如果不选择"原始比例"或特定的比例值，就可以任意选定长宽比。如果设定 2：3 的比例，此时是横幅构图，如果想要改变为 2：3 的竖幅构图，可以单击两文本框中间的"交换"按钮。这样可以将横幅变为竖幅或将竖幅变为横幅。如果想要清除设定的比例，单击最后的"清除"按钮即可，如图 4-7 所示。

图 4-7

设定 2：3 的长宽比。2：3 是当前主流相机的一种长宽比，设定这种比例时，裁剪框大多数情况下是与原始照片的边缘重合的，直接拖动鼠标进行裁剪就可以了，如图 4-8 所示。

图 4-8

若想裁剪为竖幅，单击 2：3 比例中间的"交换"按钮可以将横幅变为竖幅，再移动裁剪区域到想要的位置并确定，即可完成二次构图，如图 4-9 所示。

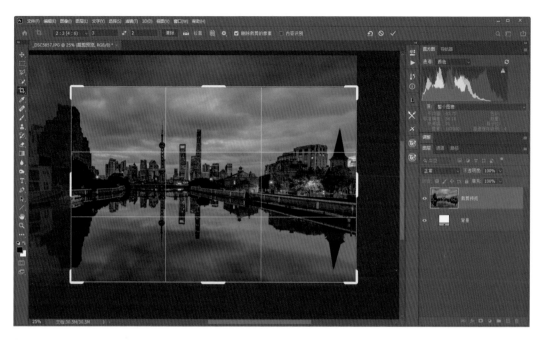

图 4-9

094　封闭式构图变开放式构图的变化在哪？

封闭式构图是指将拍摄的主体对象拍摄完整，这种构图会给人一种非常完整、协调的感受，让观者知道我们拍摄的是一个完整的景物，但是这种构图也有劣势——照片有时候会显得比较平淡，缺乏冲击力。面对这种情况，可以考虑将封闭式构图的照片通过裁剪保留局部，变为开放式构图的照片，只表现照片的局部。这种"封闭"变"开放"的二次构图会让得到的照片画面变得更有冲击力，给人更广泛的、画外有画的联想。在花卉题材中，这种二次构图方式比较常见。

图 4-10、图 4-11 所示的照片通过裁剪之后，重点表现的是花蕊部分，而原片重点表现的是整个花朵。裁剪之后的这种开放式构图的照片会让人联想到花蕊之外的花朵区域，其视觉冲击力更强。

图 4-10

图 4-11

095 怎样扩充构图范围？

扩充构图范围这种二次构图方式比较有难度，也比较考验摄影师的审美。

在 Photoshop 中打开原始照片可以看到，画面中的视觉中心是一棵枯树，但是枯树四周（特别是上方和下方）留的空间太小，空间过小会给人比较紧张和拥挤的感觉。因为已经拍摄完成，四周是没有像素的，所以扩充构图会比较有难度。

选择"裁剪工具"，设定 2 ∶ 3 的裁剪长宽比，将鼠标指针移动到裁剪框的边线上，按住鼠标左键并向四周拖动，注意在拖动之前要提前在上方选项栏当中取消勾选"内容识别"复选框，避免四周空白部分被填充，这样照片四周就保留了大片的空白部分，如图 4-12、图 4-13 所示。

图 4-12

图 4-13

选择"矩形选框工具",先在照片右侧建立一个矩形选区,矩形选区如图4-14所示。注意建立选区时,其左侧要避开枯树部分。

图 4-14

按 Ctrl+T 组合键,对所选择的区域进行自由变换,将鼠标指针移动到右侧边线上,按住 Shift 键向右拖动鼠标,将右侧的空白部分填充起来,如图 4-15 所示。注意一定要按住 Shift 键再向右拖动鼠标(在 Photoshop CC 2018 之前的版本当中不需要按住 Shift 键,但是在 Photoshop CC 2019、Photoshop CC 2020 等版本中则需要按住 Shift 键)。

图 4-15

枯树上方的天空部分比较少，如果采用与上一步骤同样的方法，正常的像素会拉伸得比较大，会出现严重的失真问题，选择"矩形选框工具"，为上方空白部分以及少部分的像素，建立选区，打开"编辑"菜单，选择"填充"命令，如图4-16所示。

图 4-16

打开"填充"对话框，在其中选择"内容识别"，单击"确定"按钮，如图4-17所示。

图 4-17

这样就可以将上方的空白部分填充起来，如图4-18所示。对于照片左侧的空白部分，可以采用与右侧空白部分相同的方法进行处理，下方则采用与上方空白部分相同的方法进行处理，最终得到较好的二次构图效果。即便只填充了左侧、上侧和右侧3个部分，但是明显感觉画面的构图令人舒服了很多。

图 4-18

096 怎样校正水平线与竖直线？

二次构图中有关照片水平线的调整是非常简单的，下面通过一个具体的案例来讲解。

图 4-19 所示的照片虽然整体上还算协调，但如果仔细观察，会发现远处的水平线是有一定倾斜度的。

图 4-19

选择"裁剪工具"，在上方选项栏中选择"拉直"工具，沿着远处的水平线向右拖动鼠标，注意一定要沿着水平线拖动，如图 4-20 所示，拖动一段距离之后松开鼠标，此时裁剪框会将照片之外的部分区域包含进来。

图 4-20

在上方选项栏中勾选"内容识别"，这样四周包含进来的空白区域会被填充起来，然后单击选项栏右侧的"确定裁剪"按钮，如图4-21所示。

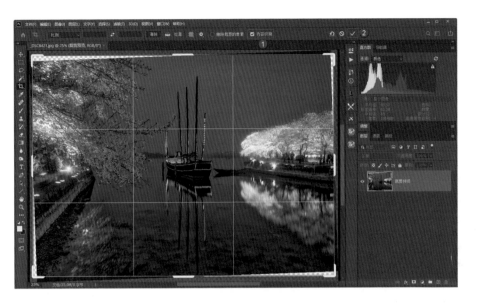

图4-21

经过等待之后，四周空白区域会被填充，按Ctrl+D组合键取消选区，就完成了这张照片的校正，如图4-22所示。

图4-22

097 怎样校正画面严重的透视畸变？

　　水平线的校正整体来说比较简单，但如果因为拍摄机位过高或过低，导致照片中的重点景物出现了一些水平线和竖直线的透视倾斜，就没有办法采用这种方式进行调整。下面介绍一种非常高级的水平线与竖直线校正方法，让构图变得更加规整。

　　将拍摄的原始照片拖入 Photoshop，它会自动在 ACR 中显示。可以看到四周的建筑因为透视出现了一些竖直线的倾斜，需要进行校正，如图 4-23 所示。

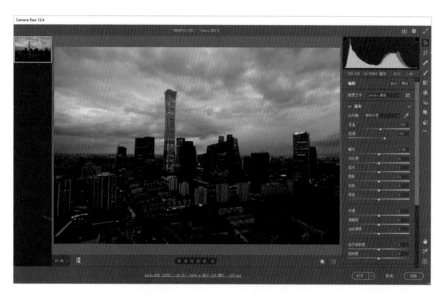

图 4-23

　　在校正之前先切换到"基本"面板对照片的影调层次进行调整，包括提高曝光、降低高光、提亮阴影等，让照片的影调层次变得更加理想，如图 4-24 所示。

图 4-24

切换到几何面板，选择第六个按钮——"水平和竖直校正"。这种校正方式借助参考线，通过寻找照片中应该水平或竖直的线条来对照片进行校正。单击"水平和竖直校正"按钮之后，找到照片中应该竖直的线条，比如右侧的建筑本身应该是竖直的，但现在出现了倾斜，将鼠标指针移动到建筑的线条上端并单击，出现一个锚点，按住鼠标左键并拖动鼠标到建筑的线条下端，定位在大致对等的位置之后松开鼠标，如图 4-25 所示。

图 4-25

用相同的方法在左侧本应该竖直的建筑线条上进行描线，如图 4-26 所示。通过这样两条线条，几乎就将画面中所有建筑的透视倾斜都校正完成，画面整体显得非常规整，效果也比较理想。还可以利用这种方法校正画面的水平线。

图 4-26

098 怎样变形或液化局部元素？

下面介绍通过变形或液化调整局部元素来强化画面视觉中心，或改变画面的二次构图技巧。

这张照片中是意大利多洛米蒂山区三峰山的霞光场景，画面给人的整体感觉还是不错的，但是山峰的气势显得有些不足，可以通过一些特定的方式来强化山峰。在调整之前，首先按 Ctrl+J 组合键复制一个图层，在工具栏中选择"快速选择"工具，在照片的地景上按住鼠标左键并拖动鼠标，可以快速为整个地景建立选区，如图 4-27 所示。

图 4-27

打开"编辑"菜单，选择"变换"子菜单的"变形"命令，如图 4-28 所示。出现变化线之后，将鼠标指针移动到中间的山峰上，按住鼠标左键并向上拖动，这时选区内的山体部分被拉高，山的气势就出来了，如图 4-29 所示。

图 4-28

　　完成山峰的拉高之后，按 Enter 键完成处理，再按 Ctrl+D 组合键取消选区，这样就完成了山峰的调整。

　　在本案例中进行了图层的复制，这是为避免出现一些穿帮和瑕疵所做的准备，如果没有出现穿帮和瑕疵，复制图层的这个操作就没有太大作用。

图 4-29

　　保存图片之前需要拼合图层，最终成片如图 4-30 所示。

图 4-30

099 怎样通过变形完美处理机械暗角？

之前已经介绍过，如果照片中出现了非常"硬"的机械暗角，可以通过裁剪的方式将这些机械暗角裁掉。但如果照片的构图本身比较合适，裁掉周围的机械暗角会导致画面的构图过紧，就不能采用简单的裁剪方法，下面介绍一种通过变形来完美处理机械暗角的技巧。

在 Photoshop 中打开要处理的照片，不难发现四周的暗角是非常明显的，如图 4-31 所示。

图 4-31

按 Ctrl+J 组合键，复制一个图层，选择上方复制的图层，打开"编辑"菜单，选择"变换"子菜单中的"变形"命令，如图 4-32 所示。

图 4-32

将鼠标指针移动到照片的四个角上按住鼠标左键并向外拖动鼠标，这样可以将暗角部分拖出，使其显示在画面之外，如图 4-33 所示。如果照片中的主体部分没有较大的变形，就可以直接按 Enter 键，再按 Ctrl+D 组合键取消选区，完成照片的处理。

如果主体部分发生了较大的变形，会影响照片的表现力，可以为复制的图层创建一个黑蒙版，再用白色画笔将四周的变形擦拭出来。这是相对比较复杂的应用，不明白的读者可以学习有关蒙版的技巧。借助黑蒙版进行调整，能够体现之前复制图层的作用。

图 4-33

100 怎样通过变形改变主体位置？

下面的案例同样借助变形和拉伸等操作来进行二次构图。本案例中，主要借助变形来调整主体或者"视觉中心"在画面中的位置，从而实现二次构图的目的。

图 4-34 所示的这张原始照片中，视觉中心的最高建筑稍稍偏左，视觉感受是比较别扭的。选择"裁剪工具"，将鼠标指针移动到裁剪框左侧的边线上，按住鼠标左键，按住 Shift 键并向左拖动鼠标，为画布的左侧添加一块空白区域，按照之前介绍的方法，为最高建筑左侧建立矩形选区，进行自由变形，将左侧空白部分填充起来。

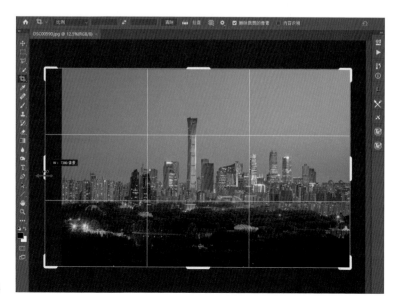

图 4-34

也可以对右侧的一些区域进行变形和拉伸。通过多次调整，确保让最高建筑正好处于画面的中心位置，如图 4-35 所示。

图 4-35

再次选择"裁剪工具"，裁掉四周一些空白的区域，完成调整，如图 4-36 所示。这个案例中所用的方法应用得非常广泛，对于调整主体的位置是非常有效的。

图 4-36

101 怎样用移动工具改变主体位置？

如果要改变主体的位置，除之前介绍的通过拉伸的方法之外，还有一种比较特殊的方法，但它主要用于改变照片中较小主体的位置。

这张照片中，三只游船的位置分布并不算特别好，特别是右侧的游船显得稍远，如果能够向左下方挪动一点，让三只游船形成更加"规整"的三角形，效果会更好。接下来就使用"内容感知移动工具"来改变这只游船的位置。在工具栏中选择"内容感知移动工具"，如图4-37所示。需要注意的是，如果在工具栏中找不到这个工具，需要打开"自定义工具栏"对话框，在其中将这个工具添加进工具栏。

图4-37

选择"内容感知移动工具"之后，将鼠标指针移动到照片中，按住鼠标左键拖动鼠标为将要移动的对象圈选出来，如图4-38所示。

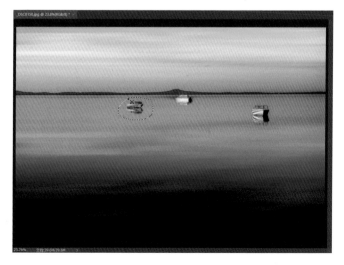

图4-38

将鼠标指针移动到要移动的对象上，按住鼠标左键并向左下方拖动鼠标，如图 4-39 所示。

图 4-39

拖动到目标位置之后松开鼠标，就改变了船只位置，如图 4-40 所示。

图 4-40

按 Ctrl+D 组合键取
消选区，会发现改变位置
之后，船体周围一片区域
与原有像素的结合并不是
特别好，如图 4-41 所示。

图 4-41

针对这种情况，要提前按 Ctrl+J 组合键复制一个图层，为复制的图层创建一个黑色蒙版，将复制图层隐
藏起来。使用白色画笔工具在游船位置进行涂抹，让游船显示，并使游船与其周边区域的结合变得自然，如
图 4-42 所示。

图 4-42

最后拼合图层，保存照片即可。

102 怎样消除画面中的杂物？

有时候照片中的一些杂物，如一些拍摄场景中的矿泉水瓶、白色的塑料、杂乱的岩石、枯木等，都有可能干扰主体的表现力。

图 4-43 所示照片右下角有一块阴影区域，导致画面显得不是很干净，可以将其消除。这种对象的消除是非常简单的。

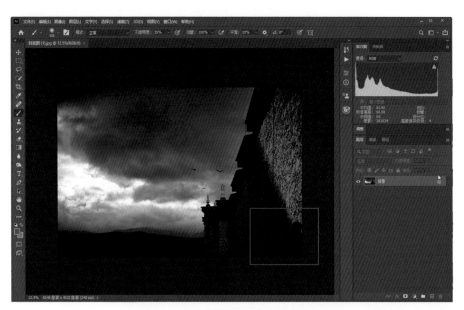

图 4-43

在工具栏中选择"污点修复画笔工具"，在上方的选项栏中调整画笔大小，将"类型"设定为"内容识别"，将鼠标指针移动到阴影区域，按住鼠标左键并拖动鼠标进行涂抹，将阴影区域完全涂抹，如图 4-44 所示。

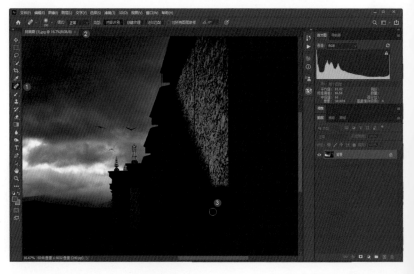

图 4-44

松开鼠标即可将该阴影很好地消除，如图 4-45 所示。

图 4-45

4.2
影调

103 怎样调整画面整体影调？

之前已经介绍过，对于一张照片来说，它有自己的影调，比如有高调、低调、中调、长调、短调等。实际上，对于绝大部分照片来说，其影调都是相对比较标准的中调。

图 4-46 所示照片的亮度是比较适中的，照片中虽然有一定的云雾，但其亮度并不算特别高。可通过调整曝光值，让照片直方图的整体波形大致位于整个直方图的中间。

162

图 4-46

首先我们将拍摄的原始照片拖入Photoshop，观察其直方图波形发现有些偏左，因此需要适当地进行调整。调整之前，先切换到"镜头校正"面板。在新版本的ACR当中，"镜头校正"面板的选项或工具等挪到了"光学"面板，因此切换到"光学"面板，勾选"删除色差"与"使用配置文件校正"这两个复选框，删除照片中的一些色差以及校正几何畸变，完成初步的校正，如图4-47所示。

图 4-47

接下来回到"基本"面板，适当提高曝光，确保直方图的整个波形大致位于直方图框的中间。这种调整虽然是通过直方图来实现的，但整体上需要根据用户的判断来确定，此时直方图的波形几乎正好位于中心，如图4-48所示。

图4-48

104 如何定黑白场？

调整曝光值之后对照片的黑场和白场进行确定，白场是指照片中最亮的部分。对于大多数照片来说，照片当中最亮的部分的像素颜色接近纯白，但是像素不能太多，如果有很多，这些像素就会聚集，产生大片的高光溢出；对于黑场来说同样如此。黑场对应的是照片中最暗的部分，最暗的部分比较理想的状态是，像素颜色接近纯黑，但是这种像素也不能太多。具体调整时，在ACR中通过白色与黑色来实现的，白色对应白场，黑色对应黑场。

首先，向右拖动"白色"滑块，一直拖动到直方图右上角的三角标变白，这表示出现了高光溢出，也就是有大量像素颜色变为了纯白，如果单击白色的三角标，照片中左上方最亮的部分出现了高光溢出，变为了红色，如图4-49所示。稍稍向左拖动"白色"滑块，确保右上角的三角标不变白，这样就定好了白场。

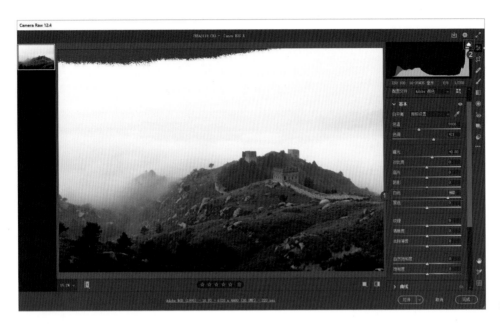

图 4-49

用同样的方法进行黑场的确定，向左拖动"黑色"滑块之后，让左上角的三角标变白，如图 4-50 所示。稍稍向右拖动"黑色"滑块，确保三角标不会变白，这样就可定好黑场。

图 4-50

通过白场与黑场
的确定，让照片亮的
地方足够亮，暗的地
方足够暗，照片变得
通透了很多，最终效
果如图 4-51 所示。

图 4-51

105 调阴影、高光的意义是什么？

确定黑场与白场之后，虽然从显示器上看不再有高光和暗部溢出，但如果用人眼直接观察，会发现在最
亮的部分已经无法分辨出很好的层次，暗部也是如此。这时就需要借助 "高光" 与 "阴影" 这两个参数来恢
复亮部和暗部的层次。

首先向左拖动 "高光" 滑块，这样可以让亮部恢复足够多的层次细节；接着向右拖动 "阴影" 滑块，可
以让暗部恢复层次和细节，如图 4-52 所示。这是 "高光" 与 "阴影" 的使用方法，但是要注意，不能为了
追回细节而将数值调整得过大，否则会破坏画面原有的影调，尤其是阴影部分。

图 4-52

106 对比度调整的意义是什么？

接下来，我们观察直方图的波形与照片画面。照片画面整体亮部与暗部的反差还是比较大的，从直方图来看，照片画面高调区域有大量的像素堆积，低调区域也有比较多的像素，但是中间调区域缺乏像素，这表示照片的反差过大。因此，我们要稍稍降低对比度的值，让照片从亮到暗的过渡变得更加平滑、自然。调整之后，可以看到照片反差变小，如图 4-53 所示。

图 4-53

经过上述五个参数，我们就对照片整体的影调实现了一个初步的调整。

107 ACR的渐变滤镜如何使用？

对于一张照片来说，可能会出现一些比较特殊的情况，比如因为反差较大或其他原因导致对整体的调整无法兼顾某些局部。仍然以上一张照片为例，经过我们之前的调整，天空部分的亮度仍然非常高，虽然仔细看能看出一些影调层次，但整体给人的观感并不好，并且已经没有办法进行整体调整。对天空部分实现优化之后，地景会变暗，这时就需要借助 ACR 中的局部工具来进行调整。局部工具主要包括：渐变滤镜、径向滤镜和调整画笔。对于大片比较规则的天空部分的调整，主要通过渐变滤镜来实现。

在工具栏中选择渐变滤镜，由天空向地面拖动鼠标，制作一个渐变区域，绿白线之上的部分是一定要调整的部分，红白线之下的部分是不进行调整的部分，绿白线和红白线之间的部分是中间的过渡部分，只有这种平滑的过渡才能让调整看起来更加自然。建立渐变区域之后，在参数面板中降低曝光，稍稍提高对比度的值，稍稍提高去除薄雾的值，这样可以进一步让天空部分变得更加清晰，恢复更多的层次和细节。可以看到，画面整体的效果更好了，如图 4-54 所示。

图 4-54

108 ACR的径向滤镜如何使用？

因为原照片当中，光源是在画面左侧的，太阳已经出来，虽然有浓雾的遮挡，但是太阳仍然将山的左侧照得有些"光感"，之前进行的调整将这种光感削弱了，画面变成一种"散射光的环境"，这显然没有恢复原有的照片效果。这时可以通过使用径向滤镜制作光源的效果，恢复左侧原有的光照效果。

在工具栏中选择径向滤镜，在画面的左上方拖动鼠标建立如图 4-55 所示的径向渐变区域，这表示光源照射效果。设定参数主要是提高曝光值，稍稍提高对比度值，降低高光值，这样可以避免高光部分出现大面积的溢出。因为光源部分是比较柔和的，所以稍稍降低清晰度的值，可制作出一定的光感。

图 4-55

照片中画面是偏暖色调的，还可以稍稍提高色温值和色调值，但是提高的幅度一定不要太大，因为这种光线的色感是比较弱的。

图 4-56

109 ACR的调整画笔如何使用？

本案例当中，通过调整天空与光源部分，已经完成局部调整，没有太大的必要再使用调整画笔进行局部的调整，但这里我们依然在工具栏中选择了调整画笔工具。

画笔可以缩小或者放大，如图 4-57 所示。调整画笔与渐变滤镜和径向滤镜的功能几乎完全一样，只是针对对象不同。渐变滤镜针对的是一些矩形的天空等区域，径向滤镜针对的是一些圆形或椭圆形的区域，而调整画笔比较随意，可以对任意大小的区域进行很好的调整。因为调整画笔是圆形的，如果涂抹不均匀，就可能导致调整效果看起来比较乱，所以这三种工具各有侧重。

此外，这三种工具对一些边缘的控制是通过范围遮罩来实现的，在这三种工具的参数面板下方有范围遮罩功能。本案例当中，因为没有必要使用范围遮罩，所以不单独介绍。对这三种工具感兴趣的读者，可以仔细研究范围遮罩功能的使用方法，其实也非常简单，它主要通过明暗或者色彩的不同，来进行差别化的有针对性的处理。

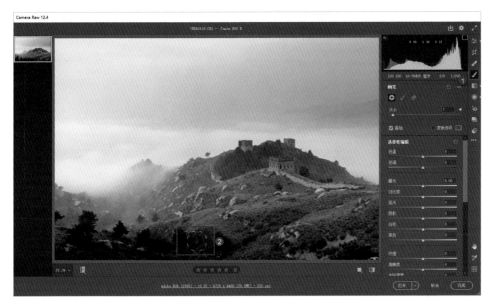

图 4-57

110 去除薄雾功能如何使用？

对照片整体以及局部的影调进行调整之后，照片的效果已经好了很多，但是仍然不够理想，照片整体的通透度不够，因为雾气的"干扰"照片显得有些灰蒙蒙的。针对这种情况，可以回到"基本"面板当中，稍稍提高去除薄雾参数的值，通过去雾操作可以让照片变得更加清晰、通透，如图 4-58 所示。

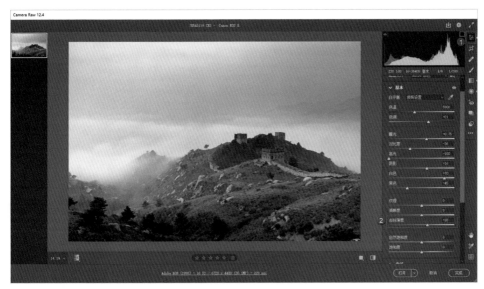

图 4-58

111 如何进行画面的整体调整?

去除薄雾之后,画面虽然变得通透,但是色彩感比较弱。

在"基本"面板上方稍稍调整白平衡的值,主要是降低白平衡中的色温值,然后稍稍降低色调值,减少画面的黄色。因为照片中的黄色是比较多的,减少黄色后画面整体给人的感觉更加清澈、干净,如图4-59所示。

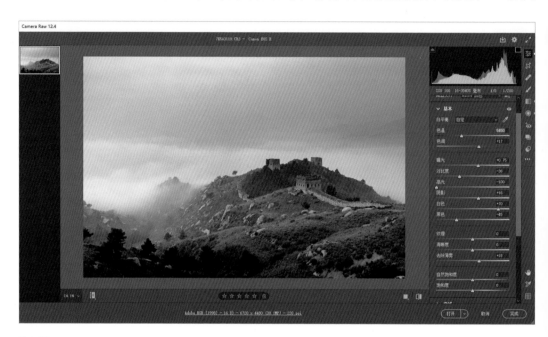

图 4-59

初步的白平衡调整之后,画面整体的影调层次和色彩都会发生变化,这时,要结合基本的影调参数以及自然饱和度、饱和度等色感参数对画面进行全面的调整,让画面整体的效果变得更加理想。经过调整之后,画面的影调和色彩都达到了一个更好的程度。

这里需要单独讲一下自然饱和度与饱和度两个参数。自然饱和度调整的是照片当中饱和度有问题的色彩,如果提高自然饱和度的值,照片中饱和度较低的一些色彩的饱和度会被"拉"上来;如果降低自然饱和度的值,照片中饱和度偏高的一些色彩的饱和度会被降下去,它是有针对性的调整。如果提高饱和度的值,则照片中不管哪一种色彩的饱和度都会发生变化。所以在风光摄影当中,自然饱和度使用得较多一些,并且调整的幅度可以大一些。完成之后,单击"确定"按钮,这样就初步完成了在ACR中的调整,进入Photoshop工作界面,如图4-60所示。

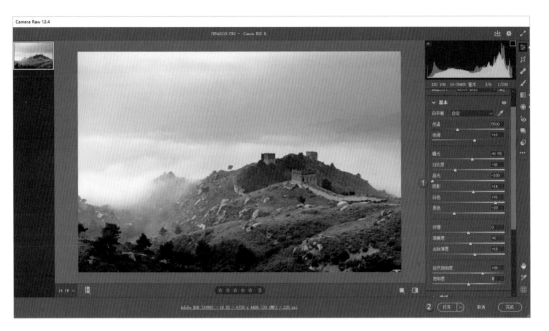

图 4-60

⑪② 如何利用亮度蒙版精修画面？

接下来，我们在 Photoshop 工作界面当中，借助亮度蒙版对画面中的一些局部进行调整和优化。亮度蒙版是指通过蒙版来限定照片中的不同区域，然后对这些限定的区域进行特定的调整。对于亮度蒙版来说，可以在 Photoshop 中人为进行选择和设定，也可以借助一些插件进行选择。借助插件进行选择时，边缘过渡会更加柔和，但是选择的精确度会较低；而在 Photoshop 中，借助色彩范围等工具建立选区，将选区转化为蒙版，虽然边缘可能不够柔和，但是选择的精度较高。这里借助 Photoshop 中的"色彩范围"命令来建立亮度蒙版并进行局部的调整，这有助于我们理解亮度蒙版的概念。

首先将照片载入 Photoshop，通过观察发现，长城左侧一些裸露的岩石比较突出，并且与城墙的颜色相近，导致城墙部分不够突出，我们可以对岩石部分进行"弱化"。首先打开"选择"菜单，选择"色彩范围"命令，如图 4-61 所示。打开"色彩范围"对话框。

图 4-61

　　在对话框上方的"选择"下拉列表框中选择"取样颜色"，在右侧选择"吸管工具"，将鼠标指针移动到照片当中的岩石上，单击取样，表示选择照片中与岩石明暗、色彩相近的区域，此时，在"色彩范围"对话框的中间下方可以看到一个黑白的预览图，其中白色部分表示选择的区域，黑色表示不选择的区域。我们可以看到岩石部分被选择了出来，城墙部分也被选择了出来，但是选择的精度不是特别理想，因此，可以对"颜色容差"参数值进行调整，通过调整这个值提升选择精度，当然，城墙部分是避不开的，如图 4-62 所示。

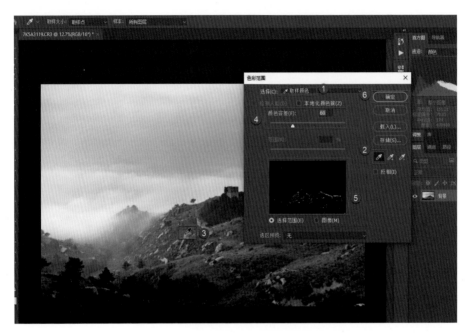

图 4-62

　　调整之后，单击"确定"按钮返回 Photoshop 工作界面，可以看到岩石部分与城墙部分被建立了选区，如图 4-63 所示。

图 4-63

　　创建一个曲线调整图层，向下拖动曲线，此时岩石部分和城墙部分都被压暗了，双击蒙版图标，在打开的蒙版属性面板中提高羽化值，让压暗的岩石部分与周边的过渡更加柔和自然，如图 4-64 所示。

图 4-64

　　如果感觉效果不是特别自然，还可以稍稍降低蒙版的不透明度，尤其是白色岩石部分调整的不透明度，弱化一下调整效果，让岩石部分与周边的过渡更加自然，如图 4-65 所示。

图 4-65

城墙部分也被压暗了，这并不是我们想要的，所以需要将城墙部分恢复。在工具栏中选择"渐变工具"，设定前景色为黑色，背景色为白色，设定从黑色到透明的圆形渐变，在城墙部分进行拖动，将城墙部分原有的亮度还原，这样相当于只对岩石部分进行压暗，如图 4-66 所示。借助这种方法，还可以只对长城的城墙部分进行提亮，增加这部分的表现力。

图 4-66

113 加深、减淡工具如何使用？

这里介绍两种比较好用的工具——加深和减淡工具。

在使用之前，首先按 Ctrl+Alt+Shift+E 组合键盖印一个图层，如图 4-67 所示。盖印图层是指将之前的调整效果折叠成一个图层并继续进行调整，如果不折叠为一个图层，就可能无法对当前的效果进行一些局部的去瑕疵处理、减淡与加深处理。

图 4-67

　　盖印图层之后,在工具栏中选择"减淡工具",适当缩小画笔,将"范围"设定为"中间调","曝光度"设定低一些,一般不高于15%,如图4-68所示。范围是中间调,表示我们将要调整的区域是一般亮度区域,而不是高光区域或是阴影区域。

图 4-68

　　将鼠标指针移动到长城的城墙上,这段城墙其实就是一般亮度区域,因此使用中间调调整是比较合适的。然后在这些位置进行涂抹,可以看到经过减淡,长城的城墙部分就被提亮了,表现力变得更好一些,如图4-69所示。

图 4-69

114 "S"形曲线的用途是什么？

进行大量的处理之后，压暗了高光区域，提亮了阴影区域，减小了反差，即便是进行了去雾处理，提高了通透度，此时的照片给人的感觉也并不是特别通透。

在完成照片的最终影调调整之前，可以创建一个曲线调整图层，在曲线的右上方（对应照片当中的亮部）单击创建一个锚点，稍向上拖动；在曲线的左下方单击创建一个锚点，稍稍向下拖动。这样可以提亮亮部，如图 4-70 所示，压暗暗部，加大画面的反差。虽然曲线调整幅度非常小，但仍呈现出了一个"S"形。"S"形曲线可以加大画面的反差，从而提高照片的通透度，使照片给人的观感更加舒适。"S"形曲线的建立往往也是影调调整的最后一步。

图 4-70

115 为什么说光要顺？

如果感觉照片很乱，一定是构图不合理。构图不合理，除取景问题外，还有一种更大的可能性是后期处理时对画面的影调处理不合理。比如，提高对比度时，让一些应该暗的区域变亮了，明暗关系不合理，那就表示光线不"顺"，画面会给人很凌乱的感觉。

实际上我们可以这样理解：在光线的照射路线上，受光线直射的位置应该最亮，斜射的次之，有轻微遮挡的再次之，阴影部分最暗。

　　如果你的照片因为光线的反射或后期处理不恰当等因素导致阴影部分的亮度高于受光线照射的部分，这就不符合光线透视，画面会给人不自然的感觉。

　　图 4-71 所示照片中，光线是从画面的右后方向左前方照射，如图 4-72 所示。受光线照射的部分亮度高，背光的部分亮度低。这种符合光线照射规律的照片的画面看起来很干净。可以设想一下，如果背光的山体部分亮度非常高，甚至高过了云海的亮度或受光山体的亮度，画面的影调层次就会变得不够理想，这不符合光线照射规律，其画面给人的感觉就不会好。

图 4-71

图 4-72

116 为什么说主体要亮?

虽然说"理顺"是在摄影创作当中关于用光的一个非常重要的知识点,但是我们也要考虑一些比较特殊的情况,比如在人像摄影当中,大家都说逆光是最完美的人像摄影光线。为什么呢? 因为逆光能够在人物边缘形成漂亮的发髻光或轮廓光,而人物经过补光之后,能够表现出足够清楚、明亮的眼睛等。这种光影层次非常理想,画面效果也非常好。但实际上,这是一种反光线透视规律的应用,因为人物的面部是最重要的,所以在拍摄时,我们要通过使用闪光灯或反光板等对人物面部进行补光,这样做虽然了打乱了原有的光线,但是不妨碍照片变得更漂亮。这是人像摄影的一个特例。实际上,无论是逆光、侧光还是斜射光等人像摄影,大多数时候都要通过特定的补光手段对人物的面部进行补光,以强化作为视觉中心的人物面部,这样拍摄出来的照片才会好看。否则如果只是非常呆板、机械地遵守光线透视规律,人物面部的亮度不够,那么拍摄出来的照片就会不够理想。

在图 4-73 所示照片中,如果我们只考虑光线的明暗关系,那么逆光环境中人物的面部一定是非常暗的,但这种人像写真要表现的是人物的面部,所以要通过反光板、闪光灯或其他特定的工具为人物面部补光,并且补光的幅度要比较大,这样才能强化人物的面部,营造出一种反光线照射的效果,如图 4-74 所示。

图 4-73

图 4-74

　　图 4-75 所示的照片是逆光拍摄的，山体以及长城的烽火台都应该是比较黑的，但那样的话，画面的主体就会被弱化，整体画面也不会特别理想，所以我们在后期处理时适当提亮了背光主体的背面，让画面显得主次分明，更有秩序，如图 4-76 所示。

图 4-75

图 4-76

4.3
色调

下面介绍风光摄影后期色调的调整，也就是我们通常所说的调色。当然调色技巧主要是比较传统、基础的。关于一些当前比较流行的特殊色调，本书不会过多介绍。实际上，只要掌握了最基本的、比较经典的调色方法和原理，其他的调色并不难。

117 如何在ACR中校准白平衡？

接下来讲解调色。

第一种方法主要借助白平衡工具为画面定一个主要的色调。有关白平衡的调整，这里通过白平衡吸管来介绍其原理。在照片当中，只要找准一些原本应该为中性灰、白色或黑色的区域（这三者属于比较准确的、没有带特定色彩的区域），将其定为标准色，使其他带有颜色的区域以此为基准进行还原，就能够还原出最准确的色彩。

以图4-77所示的照片为例，首先在"基本"面板中单击选择"白平衡"下拉列表框右侧的吸管工具，也就是"白平衡"工具，然后找到照片当中一些原本应该为灰色、白色或黑色的一些区域并取色。大多数情况下，使用灰色会比较合理，像中央电视台总部大楼的副楼和一些建筑的顶部都是灰色的，那么以此为基准，其他色彩就能够得到很好的还原。用吸管工具再次取色，可以看到取色之后的直方图当中，不同色彩的波形会被靠拢，而不再偏向某种颜色，照片的色彩得到了很好的修正，各部分的色彩变得比较准确。当然，这未必是我们想追求的效果，后续还会介绍。

图 4-77

　　第二种方法如图 4-78 所示，可以通过改变"色温"与"色调"这两个参数值来进行调整，调整时应该看着上方的直方图，确保各种不同色彩的波形尽量靠拢，尽量与灰色的波形重叠，这样照片的色彩基本会被调整到一个相对比较准确的程度。根据实际需求，提高色温值，提高色调值，可以看到直方图波形中的色彩的波形与灰色的波形已经基本靠拢，这样就准确还原了照片的色彩。

图 4-78

　　实际上，对于风光题材的摄影作品来说，最准确的色彩未必是我们所追求的，因为在一些特殊场景当中，还原色彩可能会让照片失去它原有的氛围。对于这张照片来说，我们应该稍稍降低色温值，让画面有一些夜幕降临的氛围，让天空有一些蓝色。画面整体变"冷"之后，会与街道的灯光等形成一种冷暖的对比，氛围更加强烈。当然，调色之后也会对明暗产生一定的影响，因此我们还应该适当地微调"曝光""对比度""高光""阴影"等参数，让照片整体的画面效果更理想。具体参数如图 4-79 所示。

图 4-79

118 原色调整的作用是什么？

确定画面的主色调之后，接下来统一画面色调。一般来说，对于摄影作品，色彩不宜过多。色彩越少，画面越简洁、干净，但是对于夜景来说，特别是城市风光夜景，地面景物的色彩往往会比较杂乱。

在图4-80所示的这张照片中，中间一些高大建筑的灯光明显偏黄绿色，街道的灯光明显偏橙红色，这会导致建筑部分显得有些不够协调、干净，因此可以将这些色彩进行统一，让它们相近，整体显得更加紧凑和协调。具体调整时，当前一种比较流行的方法是在"校准"面板当中对原色进行调整，原色的调整其实非常简单，主要是让某一类色彩靠向统一集中的色调。

切换到"校准"面板之后，在"红原色"中稍稍将"色相"滑块向右拖动，这样可以让街道的橙色变得偏黄一些，与中间高大建筑的灯光色彩更加相近，虽然变化是非常轻微的，但是整体给人的感觉会好很多。如果我们将"红原色"的"色相"滑块向右拖动得过多，画面可能会出现偏色，所以轻微调整即可。在"蓝原色"中稍稍将"色相"滑块向左拖动，让照片中偏蓝的色调（也就是各类冷色调）向偏青的方向发展，因为天空受灯光的照射会有一定的偏紫，所以稍稍向偏青的方向拖动滑块会消除其中的洋红，让天空显得更加纯净、更偏青蓝。经过这两种调整，就将各种灯光的色彩调整得更相近，各种冷色调也更相近，调整色相之后，"红原色"的"饱和度"和"蓝原色"的"饱和度"会稍稍提高，使画面整体的冷暖色调更加浓郁，如图4-80所示。

图4-80

　　统一色调之后，可以在"校准"面板右侧单击"隐藏调整效果"图标，与调整后的效果进行对比，可以看到调整后的色调明显变得更加浓郁，色彩变得更加干净，冷暖色调比较统一，如图 4-81 所示。

图 4-81

119 混色器的功能是什么？

　　在"校准"面板中调整原色，会让画面的色调趋向于统一，但是对于一些比较细微的色彩，调整效果并不算特别理想，这时可以借助混色器调整，进行进一步的色彩调整。ACR 在 12.3 及之前的版本中，混色器称为"HSL 调整"及"色相饱和度和明度调整"；在 12.4 及以后的版本当中，已经改为"混色器"。

　　首先切换到"混色器"面板，在其中切换到"色相"选项卡，将"橙色"向右拖动，进一步让街道中的红色车灯向偏黄的方向发展；将"黄色"向左拖动，让照片中的一些绿色向偏黄的方向发展；将"绿色"滑块向左拖动。经过调整，地面的灯光部分的色彩更加相近，如图 4-82 所示。要注意的是，调整的幅度不能过大，否则各种灯光色彩过于相近会显得不够真实。

186

图 4-82

切换到"饱和度"选项卡,提高红色、橙色和黄色的值,让灯光部分色彩显得更加浓郁,夜景的氛围更加明显, 如图 4-83 所示。

图 4-83

120 分离色调怎样使用？

仔细观察照片,会发现整体还是有一些杂乱,不够干净,特别是建筑部分色彩深浅不一,天空部分明暗不一。因此要进行分离色调的渲染,分别为冷色调和暖色调渲染特定的色彩,让画面整体的色彩更加干净。

切换到"分离色调"面板,为暖色调的灯光部分渲染一定的红色,稍稍提高饱和度,可以看到灯光部分显得更加漂亮。暗部的冷色调部分渲染上一定的青蓝色,让暗部色彩也更加干净,这样照片整体就干净了很多,如图 4-84 所示。

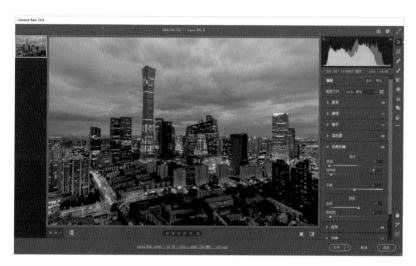

图 4-84

121 自然饱和度的功能是什么？

回到"基本"面板当中,整体上微调白平衡、影调参数等,并大幅度提高自然饱和度的值,稍微降低饱和度的值,让画面的色彩更加优美,如图 4-85 所示。这样我们在 ACR 中的调整就完成了。

图 4-85

122 如何让色彩浓郁而不油腻？

单击"打开图像"按钮，进入 Photoshop 工作界面。在 Photoshop 当中进行调整，让色彩变得非常浓郁，但是不会给人油腻的感觉。这里有一个非常重要的规律：增强亮部的色感，减弱暗部的色感，这样画面整体会给人色彩非常浓郁、饱和度非常高的感觉，而不会给人"油腻"的感觉。下面来看具体操作。

依然是这张图片，这里使用 TK 亮度蒙版插件来进行不同区域的选择。打开 TK 亮度蒙版插件面板，直接选择暗部，这里我们单击第 4 级亮度，4、5、6 亮度的区域都会被呈现出来。此时画面中白色部分便是我们选择的暗部区域，如图 4-86 所示。

图 4-86

打开"通道"面板，按住 Ctrl 键并单击最下方的亮度蒙版生成的通道，这样可以将亮度蒙版载入选区，也就是我们选择的暗部区域会被载入选区。最后单击上方的 RGB 通道，这样可以将照片返回到彩色状态，并建立选区，如图 4-87 所示。

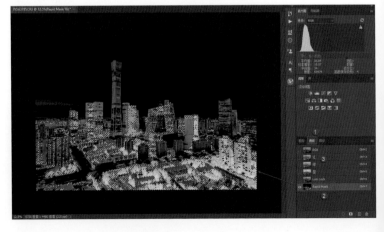

图 4-87

　　创建自然饱和度调整图层，大幅度降低自然饱和度，小幅度降低饱和度，也就是减弱照片暗部的整体色感，如图 4-88 所示。这是非常重要的一步，减弱暗部色感才能避免后续增强画面色感时导致画面显得比较油腻。

图 4-88

　　按住 Ctrl 键并单击蒙版图标，将蒙版对应的暗部部分再次载入选区，然后打开"选择"菜单，选择"反选"命令，这样就选择了照片中比较亮的部分，也就是 4 级亮度之上的部分，包括灯光部分、天空部分等，如图 4-89所示。

图 4-89

190

再次创建自然饱和度调整图层，大幅度提高自然饱和度，这样就将天空部分和灯光部分的饱和度大幅度提高，色感变强，如图 4-90 所示。

图 4-90

通过上述调整，增强了中间调及亮部的色感，减弱了暗部的色感，可以看到，此时整体画面饱和度非常高，但是又不会给人油腻的感觉，是比较自然的。这是提高亮部饱和度、降低暗部饱和度的实现效果，这是色彩分布的一种比较明显的规律。

再次按住 Ctrl 键并单击中间调及亮部的蒙版图标，载入选区，就是为中间调及亮部区域建立选区，如图 4-91 所示。

图 4-91

　　创建一个曲线调整图层，稍稍向上拖动曲线，提亮中间调以及亮部，可以看到画面整体的影调变得更美了，如图 4-92 所示。

图 4-92

　　提亮之后，会发现天空上方的亮度有些高了，这样会导致中间的建筑部分显得不那么突出。因此，在工具栏中选择"渐变工具"，设定前景色为黑色，背景色为白色，并设定从黑到透明的渐变，再设定圆形渐变，在天空上边缘以及周边部分按住鼠标左键并拖动制作圆形渐变，将天空边缘部分变为之前的亮度，这样就完成了色彩的优化，如图 4-93 所示。

图 4-93

最后将照片保存就可以了，效果如图 4-94 所示。当然，如果要得到更好的效果，还要对照片的画质进行优化，比如说锐化、降噪，甚至让照片变得"润"一些，这都是后续的一些操作，后面将介绍照片画质优化的一些技巧。

图 4-94

123 为什么说色彩要"正"？

很多场景中的光线比较杂乱，而各种景物的色彩也比较繁杂，这样很容易导致拍摄的照片出现"光乱色杂"，画面看起来不够简洁。而摄影画面追求干净、简洁，所以很多摄影师在对照片进行后期处理时，喜欢借助于一些"网红"色调风格调整照片，并将这类特殊的色调常态化，用作自己的摄影与形成后期风格。实际上这是不对的。从摄影艺术的角度来说，色彩越准确，越能经得起时间的考验，并且随着水平的提高，摄影师也应该会发现，照片色彩越准确，照片越耐看。

通常，一些奇怪的色调即便当时很流行，但可能几年就会过时，只有色彩准确的照片，永远是经典，永不过时。

图 4-95

　　将图 4-95 所示照片的色调调整为接近黑金色调，如图 4-96 所示，画面看起来会更干净一些。但实际上这只是当前流行的一种风格，可能两三年后再看就会觉得别扭，摄影师最好不要将这类特殊色调作为自己后期处理的调色"秘笈"。

图 4-96

TIPS

特定场景中可能会有一些色彩的强化和偏色，但符合人类的审美认知与自然规律。比如蓝调夜景，会比实际场景偏冷。因为夜晚的自然光线中，蓝色光会更多，所以夜景偏蓝也是自然规律。

124 为什么说亮部暖，暗部冷？

　　摄影的后期创作很多时候结合着自然规律，真实还原拍摄场景的一些状态。根据我们的认知，太阳光或者一些光源发出的光线大部分是暖色调的，尤其是太阳光。可能我们会觉得太阳光线在中午是白色的，但其实它有一些偏黄、偏暖的。在摄影作品当中，对受光线照射的亮部进行适当的暖色调强化，是符合自然规律的。相反，如果将照片中的受光照射的亮部向偏冷的方向调整，那么这是违反自然规律的。这样的画面往往会给人非常别扭、不真实、不自然的感觉。

　　整体来看，在摄影的用光中，对于亮部，应该将其向偏暖的方向调整，这样最终的照片会更加自然。

　　图 4-97 所示的照片，日落之后，整个天空已经呈现出偏冷的色调，地景也处于蓝色调的氛围，但实际上天空靠近地面的区域依然有太阳余晖，属于亮部。这个区域本身是有一些偏暖的，所以后续对这种暖色调进行强化，就可得到冷暖对比明显的效果。

图 4-97

　　图 4-98 所示的照片是长城的晚霞,太阳照射出的光表现在照片画面中就应该是暖色调的,那么我们后期处理时应该对这种暖色调进行强化,这样照片看起来会更加真实、自然。

图 4-98

与亮部暖相对的就是暗部冷。我们都有这样的经历，在夏天感觉到炎热时，躲进一个树荫，立刻会觉得凉爽。这是因为受光照射的区域会有温暖的氛围，而背光的区域会有阴冷、凉爽的氛围，表现在画面中也是如此。亮部色调可以调为暖色调，暗部色调可以调为冷色调，这样就符合自然规律与人的视觉规律，表现在画面中就会让画面显得非常自然。

其实我们还可以从另外一个角度来进行解释。通常情况下，根据色温变化的规律，红色色温往往偏低，而蓝色色温会偏高。那么受太阳光照射的区域处于较低色温的暖色调区域，而背光的阴影区域，色温值往往会在 6500 以上，因此它呈现出的是一种冷色调的氛围。

像图 4-99 所示照片，可以看到，受太阳光照射的部分色调偏暖，将背光的一些区域色调调为冷色调，画面整体给人的感觉会更自然。

图 4-99

　　图 4-100 所示照片同样如此，亮部色调偏暖，暗部虽然没有变冷，但是更加接近中性色调，画面的色彩层次比较丰富。如果将这张照片中暗部色调也处理为暖色调，那么画面整体的氛围非常浓郁，但色彩层次会有所欠缺，画面给人的感觉并不是那么自然。

图 4-100

125 为什么说亮部色感强，暗部色感弱？

用光还有另一个规则——亮部色感强，暗部色感弱。

首先来看亮部的色感。我们在拍摄风光题材时，通常会有这样一个常识，那就是风光画面反差较大，饱和度较高。如果我们在后期处理时提高画面整体的饱和度，那么画面给人的感觉并不会特别舒服，它会让人感觉油腻，但实际上整体的饱和度调得并不是很高。出现这种情况的原因非常简单，就是我们在提高饱和度时没有分区域。正确的做法是对于亮部进行饱和度的提高，对于暗部适当降低饱和度，调整后画面最终给人的感觉就会比较自然，并且色彩比较浓郁。

看图 4-101 所示照片，其实画面的整体饱和度并不高，但依然给人色彩非常浓郁的感觉，并且比较自然。观察它的色彩就会发现受太阳光照射的区域整体提高了饱和度，一些背光的区域大幅度降低了饱和度，这样整体给人的感觉是色彩非常浓郁，但并不会油腻。

图 4-101

　　图 4-102 所示的照片的色感与之前的照片非常相似，同样是受光照射的霞云部分饱和度非常高，但真正决定这张照片色彩浓郁而不油腻的因素则在于一些背光的区域被大幅度降低了饱和度，从而让画面整体显得色彩层次丰富、自然。

图 4-102

4.4
画质

126 清晰度的作用是什么？

下面介绍风光摄影后期的最后一个环节——画质优化。画质优化包含非常多的部分：锐化让视觉中心部分更加地锐利清晰；画面整体的降噪，消除一些因为高感或长时间曝光所产生的噪点，最终得到更加平滑的画面；还包括通过一些方式来让照片变得整体更加"润"，但那是比较高级的技巧，这里不做讨论。这里主要介绍关于锐化与降噪的技巧。可以实现锐化与降噪的手段是非常多的，如在 ACR 中实现，在 Photoshop 中实现，还可以借助第三方插件实现，其效果都是非常理想的，下面分别进行介绍。

在 Photoshop 中打开处理好的 JPEG 格式的照片，如果放大照片，就会发现照片存在一些问题，如图 4-103 所示。

图 4-103

按 Ctrl+C+A 组合键，进入 Camera Raw 滤镜，在界面底部单击"在原图与效果图之间对比"，可以将照片以对比图的方式呈现，如图 4-104 所示。

图 4-104

在"基本"面板中进行清晰度的调整，将清晰度提高到比较大的值。提高清晰度之后，景物的轮廓明显变得更加清晰，但是明暗的对比度也会变得更大，如图 4-105 所示。

图 4-105

如果将照片放大得太大，不便于观察整体的效果，应该适当缩小，将清晰度的值稍微调小一些。虽然景物的轮廓变得非常清晰，但是画面整体变得不够平滑，给人一种非常粗糙的感觉。由于清晰度调整能够强化景物的轮廓，并增加画面中像素的对比度，包括色彩饱和度的对比以及明暗的对比，使照片中的暗部更暗，

亮部更亮，并且轮廓得到强化之后出现了一些亮边，因此显得杂乱粗糙，如图4-106所示。通常情况下，使用清晰度要慎重，通常只需稍稍提高清晰度即可，其数值一般不要超过20。

图 4-106

127 纹理的作用是什么？

在比较新的版本的ACR当中，增加了"纹理"参数。纹理与清晰度相似，但是纹理通过强化全图范围内像素之间的差别，来提升画面的清晰度和纹理，处理的效果会比调整清晰度的效果弱一些，却更细腻。

大幅度提高纹理值之后，画面整体的锐度变高，但是并没有那么粗糙。通常情况下，使用纹理也应该慎重，虽然其整体效果看似很好，但如果放大照片，就会发现有一些比较亮的像素变得更亮，画面显得过度锐利，

是不够自然的，如图4-107所示。因此，纹理的值也不要提得太高或降得太低。

图 4-107

128 锐化功能怎样设定？

在介绍过清晰度与纹理之后，下面来看锐化设定。

依然是这张照片，放大局部之后，切换到"细节"面板，适当提高锐化值。从原图与效果图看，锐化之后的照片中建筑轮廓更加清晰，建筑的纹理也更加细腻、锐利，这是锐化功能的作用，如图4-108所示。

图 4-108

要注意：一般来说锐化的值不宜超过70，笔者比较喜欢设定为30到50的数值，这样锐化的效果比较理想。如果锐化的数值过大，效果也会不够自然，景物的轮廓会出现一些亮边。半径参数是指像素之间的距离，后面会进行介绍。细节与锐化所起到的作用相差不大，指通过提高细节来确保照片中景物表面呈现更多的纹理和层次、呈现更多的细节。笔者认为，只调整锐化值就够了，半径值和细节值保持默认即可。

129 如何借助蒙版限定锐化区域？

在锐化参数下方还有一个蒙版参数，进行锐化是针对全图进行的操作，景物轮廓、景物表面会得到锐化，大片的平面部分也会得到锐化，通过增加像素的对比，实现让照片更加清晰的目的。但是，对于一些平滑的画面来说，其实没有必要进行锐化，因为对这种画面进行锐化没有任何好处，只会强化照片当中的一些噪点，导致画质变差，所以蒙版参数就用于解决锐化时分区的问题。使用蒙版时，只要提前设定锐化值，按住 Alt 键向右拖动"蒙版"滑块，就会发现照片变为黑白的线条状态，白色区就是进行锐化的区域，黑色区则是不进行锐化的区域，如图 4-109 所示。

介绍本例之前已经提高锐化值，对全图进行了锐化，现在提高蒙版值之后，确保让锐化主要针对地景部分。天空部分变黑，也就是将之前对天空部分的锐化消除，使之保持一个平滑的画面，避免这些部分产生新的噪点。这是蒙版的功能。

图 4-109

限定锐化区域之后再次对比处理前后的照片，天空部分几乎没有发生任何变化，只有建筑部分变得更加清晰，这是分区锐化非常强大的功能，如图4-110所示。

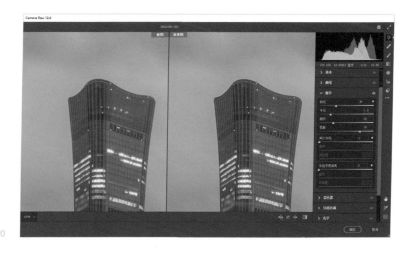

图4-110

130 减少杂色如何使用？

放大照片，查看照片的底部，会发现在一些比较暗的区域有一些噪点，在摄影后期处理过程中，如果对暗部进行了大幅度的提亮，暗部就会呈现较多的噪点。所以，对于夜景或以高感光度拍摄星空等题材的照片，往往要进行大幅度的降噪处理。

降噪主要通过调整"减少杂色"和"杂色深度减低"两个参数来实现。"减少杂色"用于消除照片中的单色噪点，我们提高"减少杂色"的值，对比左右的图片可以看到，减少杂色之后画面明显变得更加平滑柔和，当然清晰度会有一定的降低，如图4-111所示。"减少杂色"这个参数值不宜提得过高，因为过高的话，虽然消除了噪点，画面变得更加平滑，但是会失去锐度。

图4-111

131 "杂色深度减低"怎样使用?

再来看另外一个参数——"杂色深度减低"。

打开图 4-112 所示照片,这张照片是设定高感光度拍摄的,感光度为 ISO3200。此处依然是以效果图与原图对比的方式来呈现。

图 4-112

切换到"细节"面板,提高"减少杂色"的值,照片中字的单色噪点得到了很好的消除,画面变得更加干净,如图 4-113 所示。

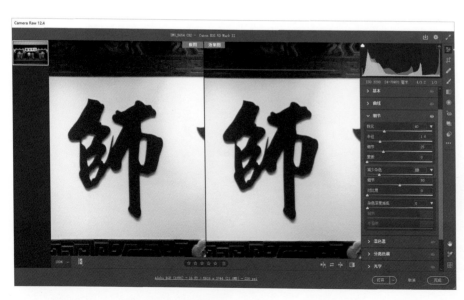

图 4-113

　　如果观察中间的黑色字，就会发现字上有很多彩色的噪点，主要是红色、绿色等一些非常小的噪点。这是彩色噪点，"减少杂色"是无法消除这些彩色噪点的，消除彩色噪点主要通过调整"杂色深度减低"参数来实现。

　　提高"杂色深度减低"参数值，中间黑色文字上的彩色噪点被消除了，这是"杂色深度减低"参数的用法，如图4-114所示。这样在ACR当中就完成了照片锐化和降噪的处理，在这类降噪参数当中，依然有"细节""对比度""平滑度"等不同的参数，实际上，在绝大多数情况下没有必要使用这些参数，保持默认值即可。

图 4-114

132 USM锐化功能如何使用?

　　再来看Photoshop中的USM锐化。

　　对之前的照片进行初步降噪之后，单击"打开"按钮，将照片在Photoshop中打开，准备进行USM锐化。实际上，USM锐化是在传统摄影中应用非常广泛的一种锐化方式，它非常简单、直观，可随着当前数码技术的不断发展，这种锐化的使用频率越来越低。但是在USM锐化以及其他不同的锐化功能中有一些基本的参数，我们通过学习这些参数的使用方法和原理可以打好摄影后期的基础，为掌握其他工具做好准备。

　　依然是这张照片，打开"滤镜"菜单，选择"锐化"，选择"USM锐化"，如图4-115所示。打开USM锐化对话框。

图 4-115

　　打开"USM 锐化"对话框，在其中增加"数量"值，预览区域显示锐化的效果，如图 4-116 所示。如果要查看锐化之前的效果，将鼠标指针移动到预览区域并单击，就会看到锐化之前的效果，如图 4-117 所示。通过对比锐化之后和锐化之前的效果，可以发现 USM 锐化的效果是比较明显的，景物的轮廓更加清晰，当然也会产生一些新的噪点。通过这种方式可以知道，USM 锐化远没有"细节"面板的锐化功能强大，因为在"细节"面板中，不但能够实现全部锐化，还能够限定只对某些区域进行锐化，但是 USM 锐化不能限定锐化区域。可以看到天空部分因为锐化产生了大量的噪点，画面不再平滑。

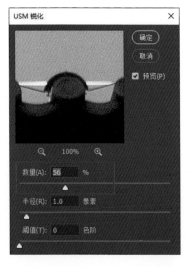

图 4-116

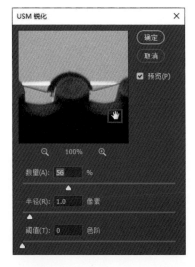

图 4-117

133 "半径"的原理和用途是什么？

在"USM 锐化"对话框中，将"半径"值提到最高，如图 4-118 所示，会发现仿佛提高了清晰度，照片中的景物轮廓出现了明显的亮边，而原有的亮部变得更亮，高光溢出，原有的暗部变得更暗，暗部溢出。也就是说，提高"半径"值可以提高照片锐化的程度，它与提高"数量"值所起的作用有些相近。"半径"的单位是像素，锐化时通过增大像素与像素之间的明暗与色彩的差别，来达到让照片更清晰的目的。"半径"是指像素距离，如果只有一个像素，就是指检索某一个像素与它周边相距一个像素的像素，只增大这两个像素之间的明暗与色彩的差别。如果设定"半径"值为 50，那么半径为 50 个像素之内的所有像素之间的明暗差别和色彩差别都会得到增大，锐化的效果会非常强烈。一般情况下，"半径"值不宜超过 2 或 3，只检索两三个像素范围之内的区域就可以了。

图 4-118

134 "阈值"的原理和用途是什么？

"阈值"参数比较抽象，它的单位是"色阶"，"色阶"的本意就是明暗，单位也是明暗。阈值的范围是 0~255，0 是纯黑，255 是纯白，一共有 256 级亮度。阈值在锐化中的作用：如果两个像素之间明暗相差为 1，但是设定"阈值"为 2，那么这两个像素就不进行锐化，不增大它们之间的明暗和色彩差别。也就是说，阈值是一个门槛，只有明暗差别超过了设定的阈值，才会对两个像素之间的色彩和明暗差别进行增大。所以，如果"阈值"设定得非常大，如 255，全图几乎不进行任何锐化处理。

将"阈值"设为 255 之后，锐化的效果非常不明显，几乎不可见，如图 4-119 所示。在摄影后期中，半径和阈值是两个非常重要的概念，正如之前所介绍的，ACR 当中存在半径概念，而阈值在 Photoshop 的其他的一些功能应用中是非常常见的。

图 4-119

135 Dfine滤镜怎样使用?

接下来介绍通过一种第三方的插件进行照片降噪的技巧,主要借助 Nik 滤镜(Nik Collection)中的"Dfine 2"这款降噪滤镜对画面进行降噪。

依然是这张照片,打开"滤镜"菜单,选择"Nik Collection",选择"Dfine 2"命令,如图 4-120 所示。

图 4-120

　　照片会被载入 Dfine 2 降噪界面，画面中有很多方框，这些方框是检测的点或区域，有些方框范围比较大，是区域，而有些近似于点，如图 4-121 所示。插件开始检测噪点并分析照片，对画面整体进行降噪。

　　在界面右下方有一个"放大镜"区域，从中可以看到降噪的效果对比，其中红线左侧是降噪之前的效果，右侧是降噪之后的效果，降噪的效果非常理想，既保持了原有的锐度，又消除了噪点，如图 4-121 所示。这种方法非常简单直观，不需要进行任何的设定，只要进入界面，然后单击"确定"按钮，返回 Photoshop 工作界面就可以了。

图 4-121

　　返回 Photoshop 工作界面之后会生成一个降噪图层，如图 4-122 所示，下方是没有降噪的背景图层，上方是降噪之后的图层，方便后续进行一些局部的调整。有关局部的锐化和降噪，后面会进行介绍。

图 4-122

136 Lab色彩模式下的明度锐化怎样操作？

　　接下来介绍一种比较高级的锐化方式。之前介绍的所有锐化，增大的都是像素之间的明暗与色彩差别，及对照片的、对像素的影调，照片的色彩进行锐化。其实对明暗进行锐化的效果会比较直观，但如果对色彩进行锐化，就会破坏原有的一些色彩，导致画面显得不那么漂亮。所以，有这样一种锐化方式——将照片转为 Lab 色彩模式，只对照片的明暗进行锐化，而不对色彩进行锐化。下面来看具体的操作过程。

　　依然是用了之前的照片。打开照片之后，打开"图像"菜单，选择"模式"命令，选择"Lab 颜色"命令，将当前的照片转为 Lab 色彩模式，如图 4-123 所示。因为大部分照片都是 RGB 色彩模式的，所以要转为 Lab 模式。

图 4-123

　　此时弹出一个提示框，提示"模式更改会影响图层的外观。是否在模式更改前拼合图像？"。这是因为当前在"图层"面板当中有多个不同的图层，如果不拼合就会有影响。由于上方的图层转换为 Lab 色彩模式，下方的图层依然是其他的色彩模式，效果就不会太好，因此这里可以选择"拼合"，也可以选择"不拼合"，只要后续能够控制即可，如图 4-124 所示。

图 4-124

　　拼合之后，在图层面板当中打开"通道"面板，可以看到其中有四个通道："Lab"复合通道是彩色通道，"明度"通道对应的是照片的明暗信息，与色彩信息无关，"a"通道对应两种色彩的明暗，"b"通道对应另外两种色彩的明暗，这里只要关注"明度"通道就行了。选择"明度"通道，打开"滤镜"菜单，选择"锐化"命令，选择"USM 锐化"命令，如图 4-125 所示。

图 4-125

　　打开"USM 锐化"对话框，在其中对这张照片的明暗进行锐化，这样就不会对色彩产生影响了。单击"确定"按钮返回。在"通道"面板中，单击"Lab"复合通道，这样照片就会返回彩色状态，如图 4-126、图 4-127所示。

图 4-126

图 4-127

打开"图像"菜单，选择"模式"，选择"RGB 颜色"，如图 4-128 所示，将照片转换回 RGB 色彩模式，这样就完成了照片的处理。这是 Lab 色彩模式下的明度锐化，这种锐化是比较高级的，不会破坏画面的色彩，锐化的效果更好，当然相对来说比较烦琐。

图 4-128

137 高反差锐化如何操作？

接下来介绍另外一种效果非常明显的锐化。它对锐化建筑类题材的摄影作品是非常有效的，能够强化建筑边缘的线条，让建筑显得非常有质感。

首先打开照片，按 Ctrl+J 组合键复制一个图层，打开"图像"菜单，选择"调整"，选择"去色"，将复制的图层进行去色处理，如图 4-129 所示。

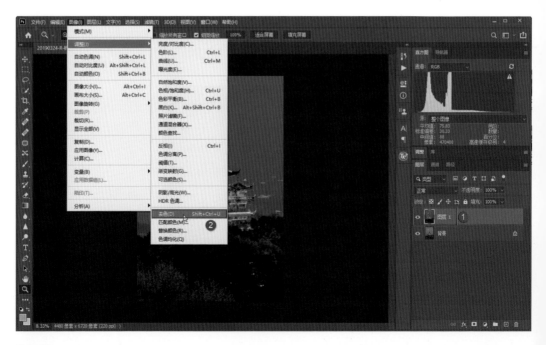

图 4-129

打开"滤镜"菜单,选择"其它",
选择"高反差保留",如图 4-130
所示。这个操作的目的是将照片中
的高反差区域保留下来,非高反差
区域则排除。

图 4-130

一般来说,景物边缘的线条与其他区域会有较大的差别,这就是高反差区域。此处,这些区域会被保留下来,
锐化的也正是这些区域。在"高反差保留"对话框中拖动"半径"滑块,"半径"是非常重要的一个参数,
此处将其设定为 3.6 像素时边缘的查找效果比较好,单击"确定"按钮,就可以将照片中的一些边缘查找出来,
如图 4-131 所示。

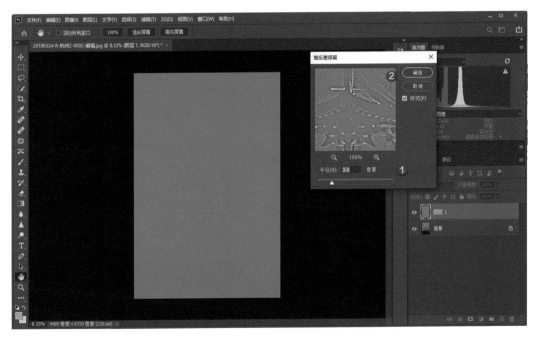

图 4-131

此时的照片呈一个"灰度"的状态，画面中只有检测出来的一些线条，需要对这些线条进行强化。只要将上方灰度图层的混合模式改为"叠加"，就相当于将一些边缘的线条进行了提取和强化，就完成了高反差锐化的处理，如图 4-132 所示。

对比一下处理前后效果，隐藏上方的高反差提取图层。可以看到原图的效果，如图 4-133 所示。

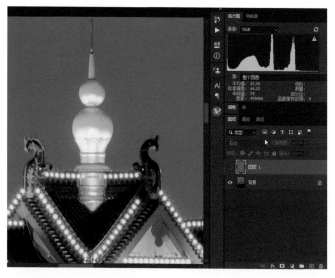

图 4-132

图 4-133

查看强化效果会发现，强化的效果非常明显，景物的轮廓非常清晰，如图 4-134 所示。

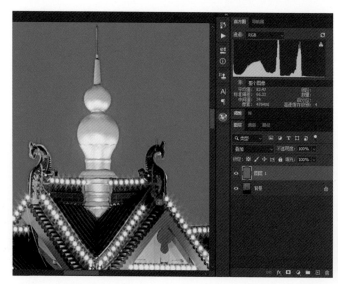

图 4-134

因为之前对于"高反差保留"设定的半径值比较大，锐化的强度有些大，导致景物边缘出现了轻微的失真。这没有关系，只要适当降低上方高反差保留图层的不透明度就可以了，如图 4-135 所示，在后面的案例中会进行详细介绍。

图 4-135

138 局部锐化与降噪怎样操作？

锐化主要是要对照片的局部进行一些锐化，对景物的边缘进行强化，让它显得更加清晰，特别是一些主体部分或视觉中心部分。但是对于大片的平滑区域来说，是没有必要进行锐化的，因为对平滑区域进行锐化不但会破坏它平滑的画质，还会产生噪点。

锐化之后，前景的树木、天空等区域都进行了一定的锐化，这是没有必要的。因此，按住 Alt 键并单击"创建图层蒙版"为上方的高反差保留图层创建一个黑蒙版，黑蒙版是黑色遮挡，它会把当前的前景图层完全遮挡，最终显示的照片效果是这些区域没有进行锐化，如图 4-136 所示。

图 4-136

在工具栏中选择"画笔工具"，设定前景色为白色，降低"不透明度"到 80% 左右，在建筑部分、月亮部分进行涂抹，将这两个区域涂白，显示这两个部分锐化的效果，但是前景的树木依然保持被遮挡的状态。最终就得到了想要的清晰区域，实现了锐化效果，但是这种涂抹是比较生硬的，涂抹区域的边缘比较硬朗，结合部分不够自然，如图 4-137 所示。

图 4-137

双击图层蒙版，在弹出的"属性"面板中，提高羽化值，让涂抹区域与未涂抹区域的过渡变得柔和起来，这样就实现了照片的局部锐化，如图 4-138 所示。

图 4-138

降噪也可以这样处理。大多数情况下，照片中的亮部是没有太多噪点的，比如受光照射的部分，不太需要进行降噪，但是暗部提亮之后会产生大量的噪点，所以要对暗部进行大幅度的降噪。可以通过蒙版限定，只对暗部进行降噪，让画面整体得到一个更好的效果。这是局部的锐化和降噪的技巧。

第 5 章

提升照片表现力的五大技法

在摄影后期有一些比较特殊的技法，它有别于一般的后期处理技巧。它可能是通过接片的方式获得更大的视角的技法，可能是通过 HDR 的方式获得高动态范围照片，让画面的亮部或暗部有更丰富的影调层次的技法，也可能是借助堆栈的方式实现慢门效果或去噪目的的技法。本章将对这些技法进行详细介绍。

5.1
HDR

139 宽容度与动态范围是什么意思？

相机的宽容度是指底片（胶片或感光元器件）对光线明暗的宽容程度。当相机既能让亮的光线曝光正确，又能让暗的光线曝光正确，我们就说这台相机对光线的宽容度大。

反差非常大的场景中，照片的暗部显示了清晰的细节，但可能无法同时让亮部曝光准确，显示足够的细节；反之亦然。例如，曝光过度的照片中，原本场景的暗部足够清晰，但亮部变为一片"死白"，如果相机的宽容度足够大，就既能"包容"较暗的光线，也能"包容"较亮的光线，让暗部和亮部都有足够的细节。

动态范围是指相机对于从最亮到最暗这个范围的细节的呈现能力。

比如，逆光拍摄太阳，如果相机能够将太阳周边最亮的部分还原出足够细节，也能将地面背光的部分还原出足够多的细节，那么可以认为相机的宽容度是足够大的，当然，这是不可能的。而相机对于太阳周边与背光阴影这个亮度范围内的景物的细节再现能力，就是动态范围。如果出现了大量的影调与色彩断层，那就表示动态范围不足，画质不够平滑、细腻，如图 5-1 所示。

图 5-1

140 手动HDR怎样操作？

高动态光照渲染（High Dynamic Range，HDR）是指在面对高反差场景时，通过包围曝光的方式，一次拍摄3~9张照片，取低曝光值照片的亮部，高曝光值照片的暗部，最后进行合成，确保最终照片中亮部与暗部有更完美的影调层次和更丰富的细节，从而实现一次完美的拍摄。

本质上HDR是一种合成，有的相机上有HDR模式，但这种模式的相机在内部进行的包围曝光和最终的合成，更多时候我们可能需要在前期使用包围曝光拍摄，后期进行HDR合成。

下面介绍手动HDR合成的技巧，通过这种技巧，我们可以掌握HDR合成的真正原理。首先来看这个场景，图5-2~图5-4所示的3张照片以包围曝光拍摄。第1张照片为高曝光照片，暗部得到了充足的曝光，高光溢出。第2张照片是一般曝光照片，也就是标准曝光，没有补偿，可以看到大部分一般亮度区域有比较好的层次细节。第3张照片为低曝光照片，画面中亮部有合理的曝光，但是暗部漆黑一片。

图 5-2

图 5-3

图 5-4

首先将这 3 张照片在 Photoshop 中打开，然后在工具栏中选择"移动工具"，按住 Shift 键分别单击高曝光照片和低曝光照片，并将照片拖动到标准曝光照片上，如图 5-5 所示。

图 5-5

这样会生成 3 个图层。从"图层"面板可以看到，最下方的是标准曝光照片，最上方的是低曝光照片，中间的是高曝光照片，如图 5-6 所示。

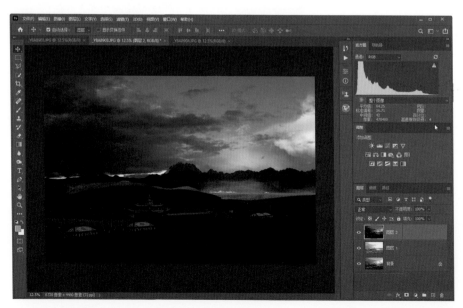

图 5-6

接下来分别为"背景"图层上方的两个图层创建图层蒙版，如图 5-7 所示。

在工具栏中选择"画笔工具"，设定前景色为黑色，在"背景"图层上方的两个图层上进行涂抹。涂抹时需注意，涂抹成黑色的区域为遮挡区域，那么高曝光照片保留的是暗部，遮盖的是过曝区域；低曝光照片遮挡暗部，保留亮部，如图 5-8 所示。

通过涂抹，最终各个图层保留了细节比较完整的区域，实现了一种包括更多细节的叠加。当然在涂抹时，可以随时调整画笔的不透明度，让叠加的效果更加自然。

图 5-7

图 5-8

涂抹完成之后，用鼠标分别双击蒙版图标，对蒙版的涂抹效果进行一定的羽化，让过渡的效果更加自然。

图 5-9

最后我们得到了比较完美的 HDR 效果，如图 5-10 所示。这是手动 HDR 合成。

图 5-10

141　自动HDR怎样操作？

此外还有自动 HDR 合成。无论是在 Photoshop 中还是在 ACR 中都可以实现自动 HDR 合成，但通常来说，使用 ACR 进行的操作更加简单，功能也更加强大，所以我们借助 ACR 进行调整。如果我们拍摄的 RAW 格式文件比较简单，选中 3 张或更多的 HDR 照片拖入 Photoshop，这些照片会同时载入 ACR。如果我们合成的是 JPEG 格式照片，那么需要提前进行设定。

首先在 Photoshop 工作界面中打开 Camera Raw 首选项对话框，在"文件处理"选项卡中，在"JPEG"下拉列表框中选择"自动打开所有受支持的文件"，然后单击"确定"按钮，如图 5-11 所示。

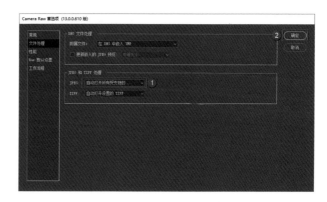

图 5-11

这样选中 3 张 JPEG 格式照片拖入 Photoshop，JPEG 格式照片会自动在 ACR 中打开，在左侧的缩览图列表中可以看到打开照片的缩览图。然后选中这 3 张照片，单击鼠标右键，在弹出的快捷菜单中选择"合并到 HDR"命令，这样软件会自动对照片进行合成，并且合成的效果非常理想，如图 5-12 所示。

图 5-12

打开"HDR 合
并预览"对话框后，
单击"合并"按钮，
就可以生成 DNG 格
式文件，并且可以对
合成效果再次进行调
整，如图 5-13 所示。

图 5-13

142 消除重影是什么意思？

下面我们对自动 HDR 合成参数设定进行介绍。

打开"HDR 合并预览"对话框之后，在右侧的面板中可以看到"消除重影"这个参数，如图 5-14 所示。"消除重影"主要用于消除所拍摄场景中景物出现的"移动"和错位。比如，拍摄场景中风不断吹动前景的草地，并且天空中云层快速移动，那么在这时进行合成，素材与素材之间的景物是有错位的。"消除重影"就用于消除这种景物之间的错位。大多数情况下，如果场景中没有"移动"的景物，关闭这个功能即可。

图 5-14

图 5-15

如果我们将此功能开启（设定为低、中或高均可），然后勾选下方的"显示叠加"复选框，那么画面中就会显示有重影的位置。这里我们设定以红色显示，可以看到照片中有大片的红色区域，表示这些区域进行了消除重影的操作，而这些操作只是显示进行操作的区域，实际合成时并没有这种红色显示效果，如图 5-15 所示。

143 前期拍摄是否必须用三脚架？

进行 HDR 合成，大多数情况下是需要三脚架辅助拍摄的。借助三脚架保持视角的固定，可以方便我们后续进行合成和对齐。实际上，如果我们拍摄时没有携带三脚架，也可以进行 HDR 合成。

具体操作是设定相机为高速连拍，设定包围曝光，然后手持相机并保持稳定进行连拍，连拍 3 张（假设是 3 张包围），虽然在拍摄过程中有抖动，但后期合成时，只要在"HDR 合并预览"对话框中勾选"对齐图像"复选框，那么软件会检测照片中的固定对象，对画面进行合成。比如这张照片中，山体和建筑就是对齐图像的参考。对齐这些图像之后，边缘可能会出现一些错位，裁掉错位空白像素的区域，就可以实现很好的

HDR 合成，如图 5-16 所示。这里需要注意的是，如果我们拍摄的场景比较暗，那么单张照片的曝光时间会相对较长，这样我们是没有办法对手动 HDR 操作的，必须借助三脚架。

图 5-16

5.2
接片

144 拍摄接片素材的要点是什么?

1. 使用三脚架,让相机同轴转动

拍摄全景照片需要摄影师左右平移相机连续拍摄多张素材照片,且要保证拍摄的这些素材照片在同一水平面上,所以此时使用三脚架辅助就是最好的选择。在三脚架上固定好相机,但要松开云台底部的固定按钮,让云台能够转动,然后同轴转动相机拍摄即可。

2. 避免透视畸变

使用广角镜头拍摄全景照片,2~3张即可满足全景接片的要求。这种做法虽然简单,却存在一个致命的缺陷,那就是无论多好的镜头,都存在一定的畸变,即画面边角会扭曲。将多张边角扭曲的素材接在一起,最终的全景照片的效果不会太好。

大部分情况下,摄影者应该选择畸变较小的中长焦镜头来拍摄,一般拍摄4~8张照片完全可以满足全景接片的要求。

3. 手动曝光保证画面明暗一致

要完成全景照片的创作,要注意不同照片的曝光均匀性,即你应该让全景接片所需要的每一张照片有同样的拍摄参数,光圈、快门速度、感光度等要完全一致,这样最终完成的全景照片才会真实。设定手动对焦,并在手动模式下固定光圈、快门速度和感光度是比较好的选择。

4. 充分重叠画面

拍摄全景照片的过程中,要注意相邻的素材照片之间应该有不少于15%的重叠区域。如果没有重叠区域,那后期可能无法完成接片;如果重叠区域少于15%,那么接片的效果可能会很差,也有可能无法完成;当然,如果重叠区域很大,甚至超过了一半,接片效果也可能不会好。图5-17~图5-22为一组很好的接片素材照片。

图 5-17

图 5-18

图 5-19

图 5-20

图 5-21

图 5-22

　　从列出的素材照片可以看出：相机在同轴水平转动的前提下，拍摄出的素材照片水平面整体齐平；不同素材照片的曝光值相同，明暗差别很小；各素材照片的四周均没有明显畸变，画质较好；不同素材照片之间有一定的重叠区域。满足以上这些条件，是合成完美全景照片的前提条件。

145 球面、圆柱与透视三种接片模式有什么区别?

将拍摄的 RAW 格式素材照片拖入 Photoshop，那么这些 RAW 格式素材照片会被自动载入 ACR，在左侧缩览图列表中可以看到打开的素材照片，如图 5-23 所示。

图 5-23

进行全景合成之后，可以看到得到了更大的视野，如图 5-24 所示。

图 5-24

下面来看具体操作。首先在缩览图列表中全选照片，单击鼠标右键，在弹出的快捷菜单中选择"合并到全景图"命令，如图 5-25 所示。

图 5-25

这样会打开"全景合并预览"对话框，在其中右侧的参数面板当中可以看到有多组参数。取消勾选下方的所有复选框，只选择"球面"这种接片模式。可以看到，接片之后画面四周出现了一些空白区域，这是因为我们转动相机，相机视角发生变化，所以无法实现完美的接片。"球面"这种接片模式比较常用，整体接片效果还是可以的，如图 5-26 所示。

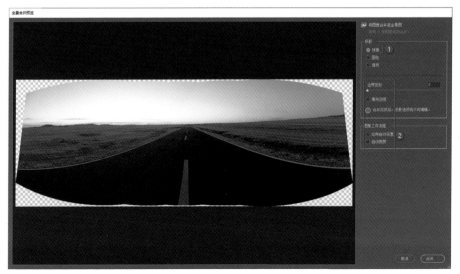

图 5-26

接下来选择"圆柱"这种接片模式。"圆柱"接片模式与"球面"接片模式比较相近，只是它四周的拉伸程度更大，如图 5-27 所示。

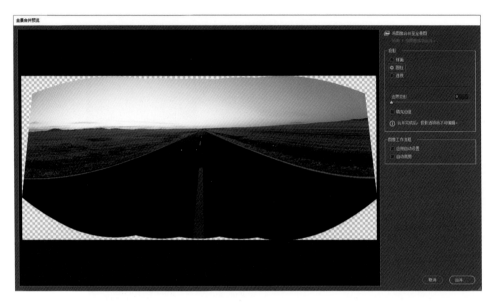

图 5-27

最后选择"透视"这种接片模式，可以看到出现了提示框，提示"无法合并选定图像"，如图 5-28 所示。"透视"接片模式主要用于对使用超广角镜头拍摄的一些素材照片进行合成，如果我们使用的镜头不是超广角，那么可能无法完成合并。通常情况下，我们选择"圆柱"接片模式或"球面"接片模式即可，这里我们选择的"球面"接片模式进行合并。

图 5-28

146 边界变形的用途是什么？

接下来，将"边界变形"这个参数的值提到最高，如图 5-29 所示。"边界变形"主要是指借助软件对接片照片的画面进行扭曲、拉伸，对四周的图像扭曲、拉伸之后，将四周空白的区域填充起来，实现比较合理的接片效果。这种拉伸对于一般的自然风光来说是比较有用的，可以进行填充，但如果拍摄建筑等题材的摄影作品，使用这种拉伸会导致建筑严重变形，这是需要注意的一点。

图 5-29

147 自动裁剪怎样使用？

与边界变形功能相似的一种功能是"自动裁剪"。合并时，如果将"边界变形"的值提到最高，再勾选"自动裁剪"复选框是没有任何意义的，如图 5-30 所示。

图 5-30

如果我们将"边界变形"的值降到最低，也就是不填充四周的空白区域，此时勾选"自动裁剪"复选框，则软件会自动裁掉四周空白的部分，如图5-31所示。

图 5-31

148 应用自动设置有什么用途？

在"全景合并预览"对话框中，还有一个参数是"应用自动设置"，如图 5-32 所示。"应用自动设置"在 HDR 合成时也有，它是指对合并的效果进行自动调整，其原理是在 ACR 界面的"基本"面板中对画面的影调等进行自动调整。经过自动调整之后，画面的影调和色彩看起来更加协调，也更加漂亮。是否勾选"应用自动设置"复选框并没有太大意义，如果对后期处理比较熟悉，可以不勾选它，让我们的初步调整效果看起来更加理想。

图 5-32

5.3
堆栈

149　最大值堆栈的原理与效果是怎样的？

堆栈是指对多个图层的内容按照一定的算法进行合成，实现一些特殊的效果。

比如以最大值的方式进行堆栈，那么我们以同一视角拍摄大量照片，然后将这些照片拖入 Photoshop，使它们分布在很多图层中，每一个图层都有大致相同的画面，但是这些画面中可能存在移动对象。比如天空中移动的星星，虽然视角固定，但多个图层中星星的位置是不一样的，它们之间有一定的位移。进行最大值合成时，软件会对每一个像素在多个图层进行查找，找到对应位置最亮的像素，将其呈现在最终画面中。这样我们拍摄的照片中移动的星星必然会呈现在最终画面中，于是形成了星轨，这是最大值的一种堆栈方式。当然还有其他的一些堆栈方式，后续我们会进行详细介绍。

下面来看最大值堆栈的具体操作，图 5-33 是我们拍摄的一张素材照片。

图 5-33

之后经过最大值堆栈，我们就得到了星轨的效果，如图 5-34 所示。实际上，查遍了所有图层的每一个像素位置，让在某一个位置最亮的像素呈现在最终画面中。

图 5-34

下面来看具体操作。在处理之前先将素材准备好，然后在 Photoshop 中打开"文件"菜单，选择"脚本"中的"将文件载入堆栈"命令，打开"载入图层"对话框，在其中单击"浏览"按钮，将我们准备好的素材载入，然后单击"确定"按钮，如图 5-35 所示。

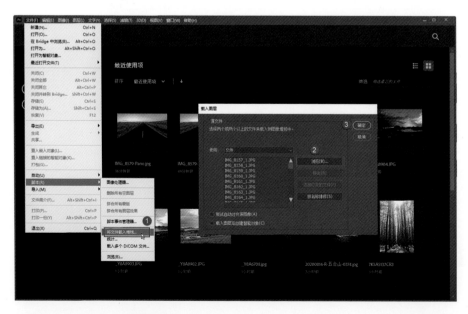

图 5-35

　　等待一段时间之后，所有照片会被载入，然后分布在不同的图层中，如图 5-36 所示。

图 5-36

　　全选图层，打开"图层"菜单，选择"智能对象"中的"转换为智能对象"命令，这一步是将所有的图层折叠为一个智能对象，如图 5-37 所示。

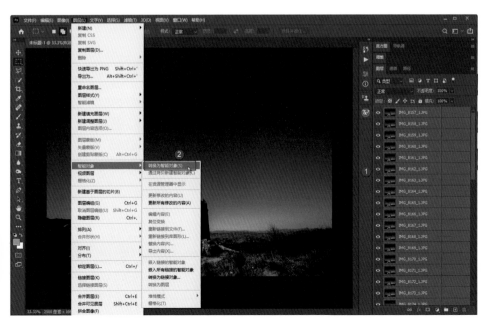

图 5-37

打开"图层"菜单，选择"智能对象"中的"堆栈模式"命令，将图层拼合的堆栈模式改为"最大值"，如图 5-38 所示。

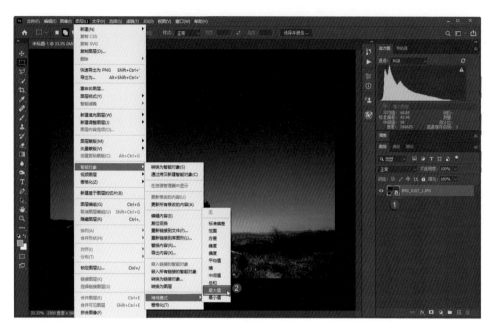

图 5-38

这样我们就实现了最大值的堆栈，可以看到天空出现了星轨，如图 5-39 所示。

图 5-39

150 平均值堆栈的原理与效果是怎样的?

接下来再来看平均值堆栈。平均值是指在每一个位置查遍所有图层，将所有图层对应位置的像素的亮度相加，再除以图层数，得到的值。一般来说平均值堆栈实现的效果比较适合呈现以慢速快门速度拍摄的水流等效果。

下面来看具体的案例。图 5-40 所示为新加坡的一个著名景点，可以看到，因为以高速快门速度拍摄的，原始照片中水面的纹理比较清晰。

堆栈之后会看到，水面模糊、被柔化，栈道上的人物处于一定的模糊状态，如图 5-41 所示。

图 5-40

因为我们准备的素材不是很多，所以水面雾化的程度不算特别高，但是，即便是这种轻微的雾化，看起来也比较明显。

图 5-41

因为之前我们进行最大值堆栈时，使用的是一种比较笨拙但比较能够揭示堆栈原理的方式，主要目的是让读者尽快理解堆栈的一些原理。接下来我们采用一种更加快捷的方式进行堆栈。

准备好素材之后，打开"文件"菜单，选择"脚本"中的"统计"命令，打开"图像统计"对话框，在其中设定堆栈模式为"平均值"，然后单击"浏览"按钮，将准备好的素材载入，最后单击"确定"按钮，如图 5-42 所示。经过等待之后，直接完成这种堆栈。

图 5-42

可以看到最终生成了智能对象，并且已经完成了堆栈，如图 5-43 所示。然后对照片进行处理，处理过后再将照片保存即可。

图 5-43

151 中间值堆栈的原理与效果是怎样的？

下面再来看中间值堆栈。很多时候中间值堆栈也被用于消除高感光度照片当中的噪点，但实际上中间值堆栈还有一种非常特殊的用法——消除照片当中移动的一些对象。比如我们拍摄了一个风光场景，照片中出现了来回走动的游人，实际上我们不用太在意，如果我们进行了大量的连拍，那么在后期可以借助中间值堆栈，将游人消除。

中间值是指遍查所有图层，查找每一个位置的像素亮度，取亮度在中间位置的像素呈现在最终画面中。如果游人出现在一个场景当中，这种情况毕竟只是在几张照片或一张照片中存在的，其他照片中不存在，那么最终取平均值时，有游人的照片的某个位置的像素就不会被记录，而记录的是没有游人的这个位置的像素。这样最终呈现的画面中，游人就会被消除。降噪也是如此，某一个位置、某一张照片上出现了噪点，但是下一张没有出现，另外的照片也没有出现，最终通过没有出现噪点的位置的像素将噪点消除，从而实现降噪的目的。

下面我们来看中间值降噪的效果。

首先打开图 5-44 所示照片，这是在天坛拍摄的一张框景式构图画面，照片中很多游人。

图 5-44

经过堆栈之后，可以看到我们很好地将游人消除掉了，如图 5-45 所示。

图 5-45

首先将所有照片载入 ACR，对照片适当地进行批量处理，然后保存为 JPEG 格式照片，如图 5-46 所示。当然如果计算机的运算速度足够快，也可以不进行格式的转化，直接对 RAW 格式照片进行堆栈。为了提高处理速度，这里我们进行了格式的转化。

图 5-46

转化之后，打开“文件”菜单，选择“脚本”中的“统计”命令，在打开的“图像统计”对话框中设定堆栈模式为“中间值”，然后将所有照片载入，再单击“确定”按钮，如图 5-47 所示。

图 5-47

经过中间值堆栈，可以看到所有的游人被消除了，如图 5-48 所示。

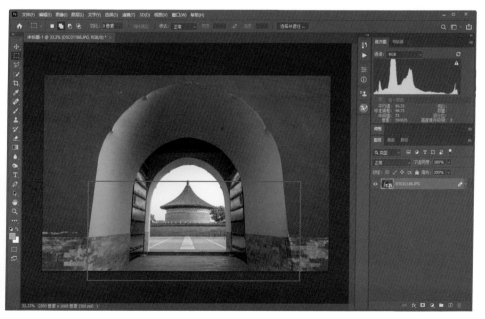

图 5-48

152 多种堆栈模式怎样应用？

实际可能需要我们使用不同的堆栈方式，最终实现完美的效果。

比如说图 5-49 所示场景。拍摄日落画面时，栈道上出现了一个来回移动的人物，干扰了我们拍摄的画面。

图 5-49

这时，后期就需要借助平均值与中间值两种堆栈模式，用中间值堆栈将人物消除，用平均值堆栈获得云层流动的效果，如图 5-50 所示。将中间值照片和平均值照片叠加起来，实现完美的效果。

图 5-50

来看具体操作。

首先我们进行中间值堆栈。经过堆栈之后，可以看到右下角的人物被消除了，如图 5-51 所示。

图 5-51

打开"历史记录"面板，在其中单击"创
建快照"按钮，为我们处理的效果创建一个快
照，如图 5-52、图 5-53 所示。

图 5-52　　　　　　　　　　　　图 5-53

接下来打开"图层"菜单，选择"智能对象"，选择"堆栈模式"中的"平均值"命令，将我们之前的中间值堆栈改为平均值堆栈，如图5-54所示。

图 5-54

可以看到，借助平均值堆栈，天空出现了流云效果。因为这是一种取平均值的操作，人物部分也会参与取平均值，所以人物部分会残留人迹，但是流云的效果是非常完美的。这样就实现了平均值堆栈，如图5-55所示。

图 5-55

　　右键单击智能对象图层的空白处，在弹出的快捷菜单中选择"拼合图像"命令，如图 5-56 所示。

图 5-56

　　接下来，按 Ctrl+A 组合键全选最终的平均值照片，然后按 Ctrl+C 组合键复制，如图 5-57 所示。

图 5-57

打开"历史记录"面板，选中"快照1"，也就是取得我们之前完成的中间值堆栈效果照片。按Ctrl+V组合键，将最终的平均值照片粘贴到中间值照片中，如图5-58所示。

图 5-58

为上方的图层创建一个图层蒙版，擦掉平均值照片下方的地景，这样就将中间值照片的地景与平均值照片的天空合成了，实现了一个完美的叠加，既将人物消除了，也达到了动感模糊的天空效果，是非常理想的，如图5-59所示。

拼合图层，将照片保存即可。

图 5-59

5.4
模糊滤镜

153 高斯模糊在后期怎样应用？

依然是之前的照片，我们借助中间值堆栈和平均值堆栈实现处理之后，最后可以发现照片中的地景有一些杂乱、明暗不均。其实出现这种情况我们可以借助适当的模糊滤镜对地景进行一定的模糊，让地景整体显得更加柔和与干净。

图 5-60 是原始照片。

图 5-60

图 5-61 是处理之后的照片，可以看到地面干净了很多。

图 5-61

首先在 Photoshop 中打开之前合成的照片。按 Ctrl+J 组合键复制一个图层。打开"滤镜"菜单，选择"模糊"中的"高斯模糊"命令，打开"高斯模糊"对话框，在其中设定模糊的"半径"值在 30 到 40 之间，对上方的图层进行模糊，然后单击"确定"按钮，如图 5-62 所示。

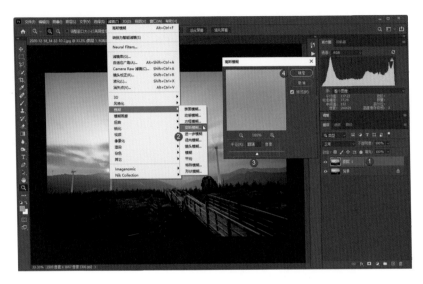

图 5-62

模糊完成之后，降低上方的模糊图层的不透明度。如果不透明度过高，那么整个画面是模糊的，降低之后，可以看到画面更加干净。

接下来，为上方的图层创建一个图层蒙版，我们将栈道与天空部分擦掉，这样就只模糊了地面部分，让这个区域显得更加干净，如图 5-63 所示。当然在对一些人像照片的背景进行处理时，也可以借助这种高斯模糊，进一步加强背景的模糊状态，让背景更加干净。

图 5-63

154 动感模糊在后期怎样应用？

下面来看当前比较流行的一种极简风格的实现。极简风格主要借助动感模糊以及径向模糊等滤镜实现，让背景产生一种不自然的模糊，但画面看起来非常干净，更有空间感。

首先准备图 5-64 所示的照片。处理之后画面变得非常干净，如图 5-65 所示，当然除此之外，我们还对画面进行了调色，调色的过程非常简单，我们就不再进行介绍了。

图 5-64

图 5-65

这里主要介绍如何制造模糊效果。首先打开原始照片，对画面的影调和色彩进行微调，然后单击"打开"按钮，将照片在 Photoshop 中打开，如图 5-66 所示。

图 5-66

按 Ctrl+J 组合键复制一个图层。打开"滤镜"菜单，选择"模糊"中的"动感模糊"命令，打开"动感模糊"对话框，在其中设定要模糊的"距离"，也就是动感模糊的程度。模糊的程度可以稍大一些，然后单击"确定"按钮。

设定模糊时，默认的模糊方向是水平方向，因为本例中我们要对树木进行模糊，需要切换模糊方向为竖直方向，所以这里设置模糊的"角度"为 90 度，将鼠标指针移动到仪表盘的竖线上，按住鼠标左键并拖动就可以改变方向，如图 5-67 所示。

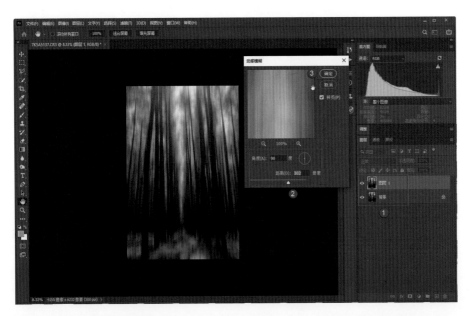

图 5-67

创建模糊之后，上方的图层完全模糊，这时为上方的图层创建图层蒙版，然后在工具栏中选择"渐变工具"，将前景色设为黑色，背景色设为白色，设定从黑到透明的渐变，因为只有设定从黑到透明的渐变，才能在同一蒙版上多次拖动鼠标制作渐变。然后在选项栏中设定圆形渐变，将鼠标指针移动到地景上，按住鼠标左键并拖动鼠标一段距离之后松开，可以将人物以及地景部分还原。保持这部分的清晰度，因为这部分本身并不杂乱，杂乱的只是上方的树木枝叶部分，如图5-68所示。经过这种还原，我们就可以实现极简的效果。后续就是盖印图层，再对画面效果进行调整，这里就不再介绍。

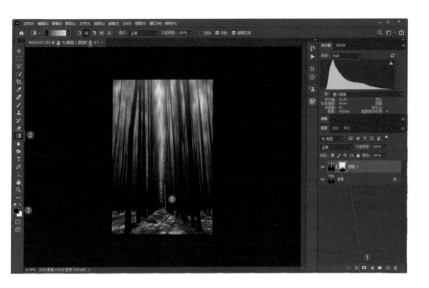

图 5-68

155 径向模糊在后期怎样应用？

下面再来介绍径向模糊的使用方法。

径向模糊主要用于对一些光源周边制作云层四散的动感模糊效果，当然也可以用于制作一些曝光中途变焦的方法，保持对焦点清晰而四周呈现出爆炸式的放射线。这些操作都非常简单，下面以具体的案例来讲解。

从图5-69所示照片可以看到太阳周围的光线呈现发散的效果，但是显得有些杂乱。

图 5-69

254

接下来我们借助径向模糊滤镜对这种效果进行调整，调整之后可以看到天空中的云层呈现出了动感模糊的效果，显得更加干净，并且画面充满动感，如图 5-70 所示。

图 5-70

下面来看具体操作。

打开照片之后，打开"滤镜"菜单，选择"模糊"中的"径向模糊"命令，打开"径向模糊"对话框，如图 5-71 所示。

图 5-71

在其中选择"模糊方法"为"缩放"。由于之前是"旋转"，改为"缩放"之后，需调整模糊的数量值，即模糊的程度大小。然后在中心模糊显示框中，将鼠标指针移动到中心点并拖动，根据我们想要的模糊的中心点来移动这个中心点。根据比例我们可以看到，照片中的太阳位于画面的左上方，那么我们要将中心点移动到左上方与太阳位置相似的位置，然后单击"确定"按钮，如图 5-72 所示。

图 5-72

这样我们就为太阳以及整个区域制作了一个非常合理的径向模糊效果，然后为上方的模糊图层创建图层蒙版，将地景擦除出来，只保留了天空的模糊状态，如图 5-73 所示。

图 5-73

156 怎样制作缩微效果?

下面介绍缩微效果的制作。

缩微效果主要是使用移轴模糊来达到一种类似于移轴镜头拍摄的模糊效果。

图 5-74 所示照片是一个城市的夜景，通过移轴模糊得到图 5-75 所示缩微景观的效果。

图 5-74

图 5-75

　　下面来看处理过程，首先复制并粘贴图层，然后打开"滤镜"菜单，选择"模糊画廊"中的"移轴模糊"命令，如图 5-76 所示。

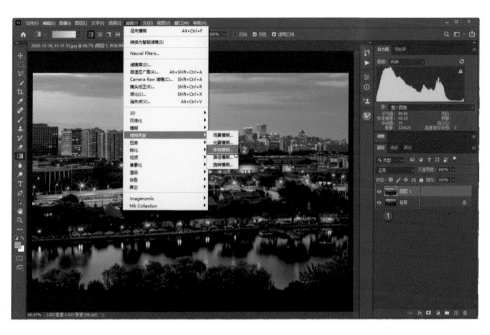

图 5-76

　　进入移轴模糊界面，直接单击"确定"按钮，就完成了它的制作，如图 5-77 所示。当然这种不经参数设定直接完成的效果肯定不够理想，所以后续我们要进行一些设定。

图 5-77

157 光源散景的意义在哪里？

下面来看制作模糊时的光源散景的设定。

光源散景是指在景深之外，也就是模糊区域，让模糊的效果更加真实，类似一些光斑等区域产生正常的大光圈模糊效果。

依然是之前的照片，进入移轴模糊界面，首先在模糊区域的边线上按住鼠标左键并拖动，改变模糊的区域。接下来在右侧参数面板中设定模糊的程度，这里设定"模糊"为"24像素"，当然也可以继续调大加强模糊的程度。至于"扭曲度"，是指虚化区域是否向一侧偏移和扭曲，大部分情况下没有必要调整。

下方的"效果"面板中，可以看到"散景"这组参数，主要包括"光源散景""散景颜色""光照范围"等。"光源散景"是指模糊效果的逼真度，提高光源散景，就有一些模糊区域的灯光会呈现圆斑状，类似于大光圈下的模糊效果，但是不能将光源散景值调得过大，否则光斑会很大，变得不够自然。"散景颜色"是指虚化区域的饱和度，一般来说，饱和度不宜过高。"光照范围"是指对用于限定虚化区域某一种亮度的区域进行这种光源散景的制作，本例当中，我们对虚化区域的一些照明灯进行光斑制作即可，所以没有必要向左拖动深色滑块。

经过这种制作之后，可以看到虚化区域的效果更加自然，然后单击上方的"确定"按钮，完成光源散景的设定，如图 5-78 所示。

图 5-78

此时在画面的左上角可以看到，有些区域因为我们的调整出现了过曝的问题，这时在左侧的工具栏中选择"污点修复画笔工具"，调整画笔大小，在相应位置进行涂抹，将其修复即可，如图 5-79 所示。最终我们就实现了这种非常理想的光源散景的制作。

图 5-79

158 路径模糊在后期怎样应用？

关于模糊滤镜，最后我们介绍一种比较有难度的模糊方法，即路径模糊。

路径模糊类似动感模糊，但是它能够改变模糊的方向，并且在同一个画面当中可以制作多个不同的模糊滤镜，让每一个模糊滤镜都按照特定的方向进行模糊。在对一些天空中的云层或水流进行模糊处理时，路径模糊有非常好的效果。

下面来看具体案例。

打开图 5-80 所示照片，我们可以看到水流的模糊效果不算特别完美，因为拍摄时快门速度不够慢。

图 5-80

通过制作路径模糊，可以看到水流的模糊效果更加明显、更加梦幻，如图 5-81 所示。由于水流的方向比较多变，并且左侧的水流和右侧的水流方向不一样，所以只有借助路径模糊才能实现比较完美的效果。

图 5-81

在 Photoshop 中打开原始照片，按 Ctrl+J 组合键复制图层。打开"滤镜"菜单，选择"模糊画廊"中的"路径模糊"命令，如图 5-82 所示。

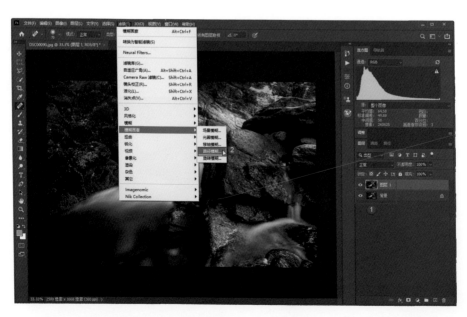

图 5-82

　　进入"路径模糊"界面。将鼠标指针移动到水流上并单击，即可生成一个模糊路径，再次单击，可以生成另一个模糊路径。生成模糊路径之后，我们可以调整模糊路径的整体方向，还可以在每一段模糊路径的中间单击，然后按住鼠标左键并拖动改变模糊路径的方向。本案例中我们根据水流的方向制作这样4段模糊路径。

　　第一段我们改变了它的"弯度"，因为水流本身就是弯曲的。

　　第二段根据水流的方向调整方向。

　　第三段和第四段比较简单，并且每一段路径可以改变模糊的幅度。

　　这样我们就根据水流的方向设定了4段模糊路径，并设定了模糊的幅度，然后单击"确定"按钮，如图5-83所示。

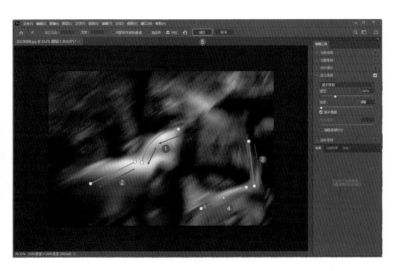

图 5-83

　　返回 Photoshop 工作界面之后可以看到水流得到了更好的模糊效果，但是周边的山体和岩石也得到了模糊，因此我们为上方的图层创建一个黑色蒙版，然后用白色画笔只将水流部分擦拭出来，这样就得到了梦幻水流效果，如图5-84所示。

图 5-84

5.5
Nik 滤镜

159 八大Nik滤镜的功能分别是什么？

Nik Collection 是当前非常理想的第三方后期滤镜，很多人把它称为"尼康专业图像处理套装"，其实这是不正确的，该软件最初是美国加州的一家软件公司开发的，并且为收费软件，价格达数千元。后来，谷歌公司收购了该公司，经过研究，掌握了软件的算法后，先是将该软件的售价下调为 150 美元，后来将软件向用户免费提供。也就是说，Nik 滤镜免费过一段时间。该软件公司之后被法国的 DxO 公司收购，再次成为收费软件。

Nik 滤镜内集成了多种滤镜，可以说它是一款软件套装，具体包括 Analog Efex Pro（胶片特效滤镜）、Color Efex Pro（图像调色滤镜）、Dfine（降噪滤镜）、HDR Efex Pro（HDR 成像滤镜）、Sharpener Pro（两款锐化滤镜）、Silver Efex Pro（黑白胶片滤镜）、Viveza（选择性调节滤镜），如图 5-85 所示。

这款软件适合内置到 Photoshop、Light Room 等软件中使用，并被集成到滤镜菜单内，所以通常被称为 Nik 滤镜套装，通过此套装可以快速完成一些专业级的修图效果。

根据笔者经验，Color Efex Pro 内置功能最为丰富，对于一般摄影后期来说，其使用的频率也更高。当然，Color Efex Pro 内置的较多功能当中，经常要使用的功能并不算太多，但功能强大。

图 5-85

　　这里单独讲一下 Sharpener Pro 滤镜，它分为"Sharpener Pro 3：（1）RAW Presharpener"和"Sharpener Pro 3：（2）Output Sharpener"。这两款滤镜的功能都是对照片进行锐化处理，但是 RAW Presharpener 是在我们对原始照片进行处理过后进行锐化；而 Output Sharpener，顾名思义，它适用于我们要将照片传输到网络进行分享时进行锐化。也就是说，它们针对的阶段是不同的，RAW Presharpener 适合输出我们要保存的照片，而 Output Sharpener 适合在上传照片到网络之前对照片进行进一步锐化，因为 Output Sharpener 的算法不同，在上传至网络之前进行锐化，可能更适合网络浏览。

160 Color Efex Pro：古典柔焦怎样使用？

　　古典柔焦是指实现一种梦幻雾化的效果，从而得到比较干净的画面，并且让画面在一些模糊的区域有更好的空间感。

　　图 5-86 所示照片，近景与远景都非常清晰、锐利，但正是这种清晰、锐利，让画面看起来比较生硬。

图 5-86

　　制作柔焦效果之后，近景依然清晰，远景更加柔和，画面看起来会更有质感、更油润，如图 5-87 所示。

图 5-87

下面来看如何借助 Nik 滤镜制作柔焦效果。

打开照片之后，打开"滤镜"菜单，选择 "Nik Collection" 中的 "Color Efex Pro 4" 命令，如图 5-88 所示。

图 5-88

进入 Color Efex Pro 4 工作界面，在左侧选择所有滤镜，找到"古典柔焦"这个滤镜，然后在其标题右侧单击相应按钮，如图 5-89 所示。

图 5-89

此时进入"古典柔焦"滤镜界面，其中有多种柔焦效果。单击查看之后，我们选择了第二种效果，单击即可套用这种效果。在右侧的参数面板当中，我们还可以改变这种柔焦的强度，包括柔焦的一些效果等，大部分情况下采用默认的参数即可，然后单击"确定"按钮，如图 5-90 所示。

图 5-90

这样 Nik 滤镜会为我们生成一个单独的图层，也就是下方的背景图层，其上方是我们制作的柔焦滤镜图层。然后我们为上方的图层创建图层蒙版，在工具栏中选择"画笔工具"，设定黑色画笔，在不需要或不想柔化的部分涂抹，还原原有照片的锐度，并在一些高光部分保持柔化效果，这样会让高光部分看起来更加柔和，画面整体也更加油润，如图 5-91 所示。这是柔焦效果的使用方法，一般来说，柔焦类的滤镜主要对高光部分进行柔化。

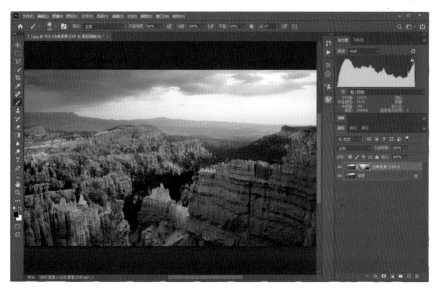

图 5-91

161 Color Efex Pro：详细提取怎样使用？

接下来看 Color Efex Pro 4 中的详细提取滤镜。

图 5-92 所示的照片，地面比较暗，整个山体处于阴影当中。

图 5-92

经过处理之后，地面稍稍被提亮了，山体没有积雪覆盖的部分变得更加清晰，整体亮度高了一些，更有质感，如图 5-93 所示。这是借助 Color Efex Pro 4 当中的详细提取滤镜来实现的。

图 5-93

下面来看具体处理过程。

首先将 RAW 格式文件拖入 Photoshop，载入 ACR 后对画面整体的影调进行一定的微调，然后单击"打开"按钮，将照片在 Photoshop 中打开，如图 5-94 所示。

图 5-94

打开"滤镜"菜单，选择"Nik Collection"中的"Color Efex Pro 4"命令，打开 Color Efex Pro 4 工作界面。在左侧选择"详细提取"滤镜，进入"详细提取"滤镜界面，之后选择一种详细提取的效果。在选择时要注意，此时我们没有必要关注画面整体的效果，只要关注下方深色山体部分的效果即可。选择合适的效果之后，依然可以在右上方的参数面板当中微调参数，让效果更加理想。然后单击"确定"按钮，回到 Photoshop 工作界面，如图 5-95 所示。

图 5-95

背景图层的上方生成了新的图层，然后我们为上方的图层创建图层蒙版并调整其不透明度，再将不想进行详细提取强化质感的区域涂黑隐藏起来就可以了，最终确保只让下方的深色山体部分变得更加清晰、纹理更加突出、更有质感，如图 5-96 所示。

图 5-96

162 Color Efex Pro：天光镜怎样使用？

再来看天光镜的使用方法。

天光镜主要用于模拟日出或日落时的太阳余晖照射，得到霞光效果，它比较适合对原照片中有轻微霞光效果的天空进行强化和突出。

看原始照片，天空中的霞光非常淡，如图 5-97 所示。

图 5-97

使用天光镜之
后,天空的霞光变多,
并且整体效果是比较
自然的,如图 5-98
所示。

图 5-98

下面来看处理过程。

依然是这张照片,我们在 Color Efex Pro 4 工作界面左侧选择"天光镜",然后选择一种天光的效果,
之后单击"确定"按钮返回 Photoshop 工作界面,如图 5-99 所示。

图 5-99

为天光效果制作图层蒙版，再借助画笔进行擦拭，只保留日照金山以及露出没有被乌云遮挡的天空部分，让这个区域受天光照射即可，如图 5-100 所示。

图 5-100

如果感觉天光的色彩有问题，我们可以按住 Ctrl 键并单击图层蒙版，将天空受霞光照射的部分再次选择出来，然后创建一个色相 / 饱和度调整图层，对饱和度进行微调，让天光的效果更加自然即可，如图 5-101 所示。

图 5-101

163 什么是Nik滤镜的综合使用方式？

最后我们介绍 Color Efex Pro 4 这款滤镜的正确使用方法。

我们之前的使用都非常简单粗暴，全图套用滤镜之后，再利用图层蒙版限定调整的区域。当然这种方式非常精确，也非常好用，但实际上这并非 Nik 滤镜官方给出的用法。比较官方和正规的用法是，借助控制点对照片中的局部进行一些滤镜效果处理。

下面来看具体操作。

图 5-102 所示是原始照片，对于这张照片我们想要的处理是适当提亮近景的山体，并且提高锐度和清晰度，保持更好的质感，增强画面的视觉冲击力。而远处高光的天空部分可以适当进行柔化，让画面显得更油润。

图 5-102

可能这种效果在书上看起来不是很明显，如图 5-103 所示。但如果在计算机上观察就会比较明显。

图 5-103

首先打开原始照片，在 Color Efex Pro 4 工作界面中先选择"详细提取"滤镜，选择一种详细提取的效果，这样画面整体的锐度和清晰度就会被提高，此时调整的是全图，如图 5-104 所示。

图 5-104

　　我们只想让左下角的前景变得更加清晰，可以在右侧的参数面板中选择控制点，在面板右侧中间单击带加号的按钮，表示添加控制点。单击之后，鼠标指针移动到画面左侧前景上，单击就可以生成一个控制点。

　　这里有一个常识，就是我们一旦添加控制点，之前进行的全图的详细提取就会消失，只有控制点所包含的圆形区域会受影响。在生成的控制点当中，我们可以调整控制区域的大小，也可以调整控制点所影响区域的不透明度，还可以在参数面板右上方调整详细提取的参数，改变效果，如图 5-105 所示。

　　我们可以再次在右侧单击添加控制点按钮，然后在照片画面中再次在其他位置添加控制点，也可以选择控制点之后按 Delete 键删除。

　　本例当中我们只添加了左下角一个控制点。

图 5-105

　　接着我们制作天空部分的柔化效果，在右侧参数面板中单击"添加滤镜"按钮，如图 5-106 所示。这样可以添加一个滤镜。

图 5-106

单击"添加滤镜"按钮之后，选择"古典柔焦"滤镜，添加一种古典柔焦效果。在右侧参数面板中选择添加控制点，然后将鼠标指针移动到天空位置创建一个控制点，即只为天空部分制作柔焦效果。调整之后，单击"确定"按钮，如图 5-107 所示。这样我们就完成了对这张照片的处理，包括对地面进行锐化调整，对天空进行柔化调整，通过控制点实现对不同区域的分区控制，最终得到我们想要的效果。

这是 Nik 滤镜的一种更为准确、恰当的使用方法，当然后续也要结合 Photoshop 中的图层蒙版等进行调整，最终实现更完美的效果。

图 5-107

第 6 章

人像后期技法

与一般题材的后期不同，人像后期比较特殊，具体包括需要对人物的肤色、肤质等进行特殊处理，以及对皮肤进行磨皮处理，对五官进行液化塑型处理等。本章中，我们将介绍人像后期的一些特殊技法。

6.1
基本调整

164 如何在ACR中提亮人物正面？

将 RAW 格式文件拖入 Photoshop，会自动在 ACR 中打开，如图 6-1 所示。

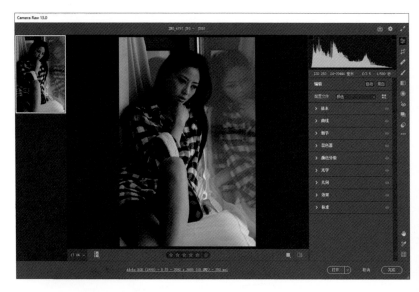

图 6-1

首先对全图的影调进行初步的调整，包括提高曝光值，稍微降低对比度，降低高光值，提亮阴影，如图 6-2 所示。这样适当调整，让画面的影调显得更柔和。

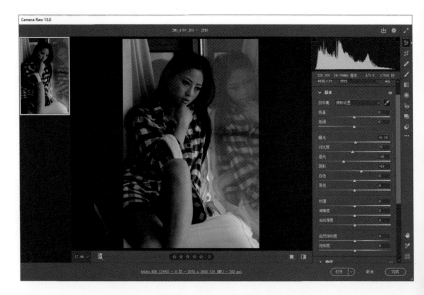

图 6-2

我们可以看到人物的正面，特别是面部、腿部等都比较暗，因此需要使用局部工具对这些区域进行提亮。在工具栏中选择"调整画笔工具"，提高曝光值，降低对比度，提亮阴影，降低高光，避免提亮时有一些高光部位过曝。然后在人物面部、腿部等比较暗的区域进行涂抹，将这些区域提亮。关于涂抹的区域，我们可以勾选参数面板中的"蒙版选项"复选框，以红色显示我们提亮的区域，如图6-3所示。

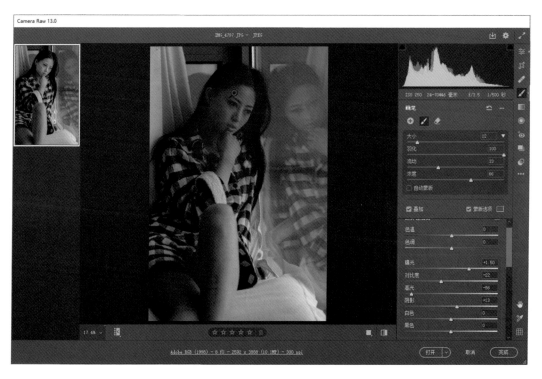

图6-3

165 如何借助眼白等校准白平衡？

适当提亮人物面部和腿部等之后，如果感觉照片偏色，那么可以进行白平衡的调整。

调整时回到"基本"面板，单击"白平衡"右侧的吸管状按钮，这时白平衡工具被选中，将鼠标指针移动到人物的眼白、黑色的发丝等部位单击，这相当于告诉软件我们选择的位置是白色或黑色区域。本例中我们选择的是白色的眼白区域等，这样软件会自动根据我们定义的没有颜色的区域进行色彩还原，如图6-4所示。

需要注意的是，因为很多人的发丝发黄，并且头发可能被染色，所以通常情况下尽量不要选择以头发部位为基准进行色彩的校正。

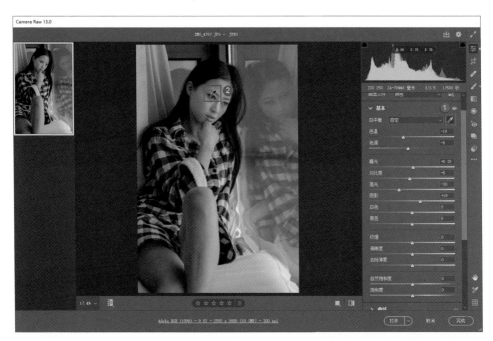

图 6-4

经过色彩还原之后，画面整体的色调会趋于正常。如果感觉色彩还不够理想，那么在"白平衡"中调整"色温"与"色调"值，进一步优化画面整体的色调和色彩。完成后单击"打开"按钮，将 RAW 格式文件在 Photoshop 中打开，如图 6-5 所示。

图 6-5

166 如何利用滤色减小反差?

在 Photoshop 中打开照片之后,接下来我们准备缩小画面的明暗对比度,也就是减小反差,让画面整体的影调变得更加柔和。

具体操作是,单击切换到"通道"面板,按住 Ctrl 键并单击红通道,如图 6-6 所示。一般来说,红通道对应的是照片的高光区域,这样可以将高光区域载入选区。

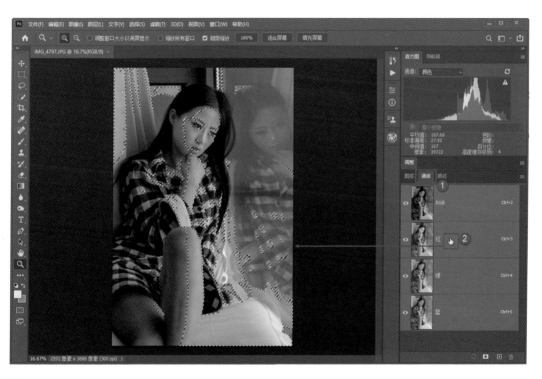

图 6-6

因为我们将要选择的是中间调区域及暗部,所以此时要进行反选,按 Ctrl+Shift+I 组合键,或打开"选择"菜单,选择"反选"命令,均可以进行反选,即选择中间调区域及暗部。

然后按 Ctrl+J 组合键,将中间调区域及暗部作为单独的图层提取出来,然后将中间调区域及暗部图层的混合模式改为"滤色",相当于提亮中间调区域及暗部,缩小反差。如果提得过亮,那么影调会过于模糊,此时可以适当降低"不透明度",让画面的影调更加舒适,如图 6-7 所示。

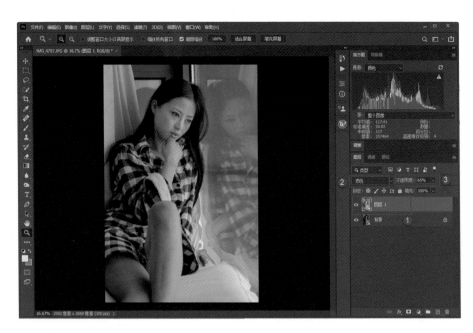

图 6-7

167 如何调整人物之外区域的色调?

人像照片重点表现的是人物,如果人物之外区域的饱和度过高,会干扰人物的表现力。所以,我们首先按 Ctrl+ShiftS+Alt+E 组合键盖印一个图层,然后单击选中盖印的图层,在工具栏中选择"快速选择工具",快速在人物之外的区域拖动鼠标建立选区,如图 6-8 所示。

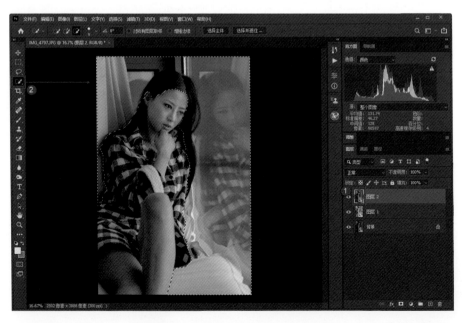

图 6-8

创建一个自然饱和度调整图层。这个自然饱和度调整图层针对人物之外的环境部分，降低自然饱和度，这样人物之外区域的饱和度会被降低，从而实现突出人物的目的，如图 6-9 所示。

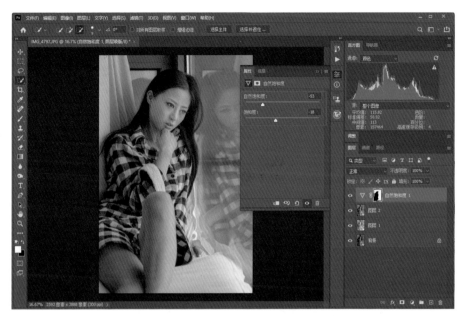

图 6-9

因为选区的边缘比较生硬，所以需要进行一定的羽化。双击调整图层的蒙版图标，打开蒙版属性面板，在其中提高羽化值，可以羽化蒙版，让饱和度降低的部分与人物部分的过渡更自然，如图 6-10 所示。

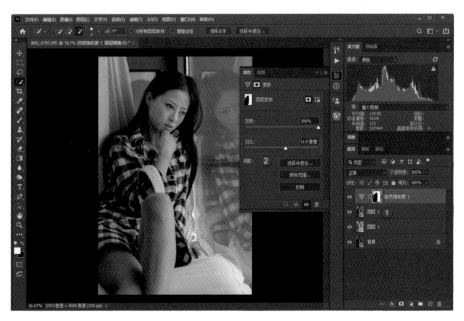

图 6-10

168 如何用亮度蒙版修复画面乱光？

接下来再次盖印一个图层，我们的目的是选择照片当中一些比较亮的光斑。比如背景中白色的铝合金条、人物右下方的白色抱枕等，这些区域的亮度是非常高的，显得非常斑驳、明暗不均，导致画面比较乱。

打开"色彩范围"对话框，借助吸管定位这些比较高亮的位置，通过调整"颜色容差"，可以看到我们基本上将一些白色光斑部分选择了出来。然后单击"确定"按钮，这些区域就会被载入选区，如图 6-11 所示。

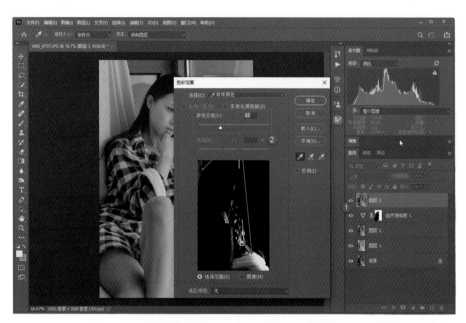

图 6-11

创建曲线调整图层，压暗这些区域。压暗之后，人物面部，比如鼻梁部分一些高光的区域也会被压暗，显得不够自然，如图 6-12 所示。

图 6-12

这时在工具栏中选择"画笔工具"，将前景色设为黑色，缩小画笔，在我们不想压暗的位置，特别是对人物面部高光区域进行擦拭，将这些区域还原。这样画面的明暗变得更加均匀，整体影调变得更加干净，如图 6-13 所示。

图 6-13

169 如何用可选颜色为人物调色？

人物皮肤部分有一些偏色的区域，可以使用可选颜色进行调整。比如人物的颈部有些偏红、偏黄，并且颜色比较深，需要进行调整。

创建可选颜色调整图层，选择红色通道，这表示我们对照片当中的红色进行调整。在红色通道中，增加青色的比例，相当于降低红色；对洋红和黄色进行微调，降低黑色的值，那么颈部这一片红色比较深的区域被减轻了黑色，整体就会变亮一些，如图 6-14 所示。

图 6-14

此时颈部偏黄严重,因此选择黄色通道,降低黑色的值,同样表示对颈部的区域进行提亮,如图6-15所示。这样,通过可选颜色调整,将人物颈部调整到一个影调和色彩都比较理想的状态。至此,照片调整初步完成。

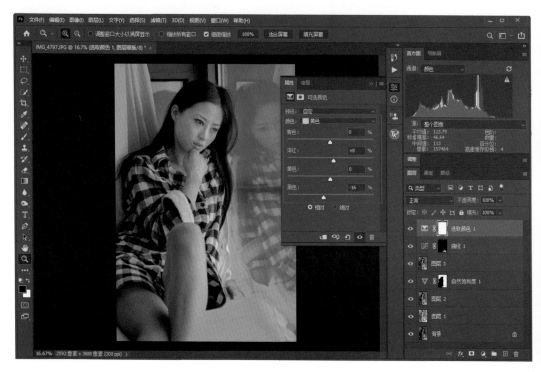

图 6-15

6.2
面部精修

170 如何在ACR中去除人物面部瑕疵?

首先来看人物面部瑕疵的去除。

基本上每个人的面部肤质都不会绝对完美,总会有一些暗斑或黑头等瑕疵,而数码相机通常具备很高的像素,镜头具备很强的解像力,能够将皮肤表面一丝一毫的瑕疵无限放大,正常看来无伤大雅的瑕疵,在照片中往往会显得非常刺眼。在 Photoshop 中经过后期处理,可以将这些瑕疵处理干净,呈现完美的面部肤质。

首先在 ACR 当中打开照片,可以看到人物面部的光影有些斑驳,并且局部有些瑕疵,如图 6-16 所示。

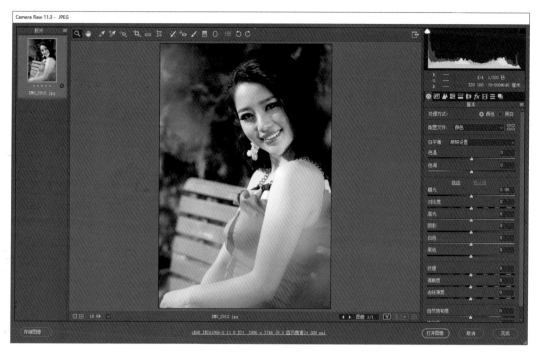

图 6-16

　　适当提高曝光值让人物面部显得更加明亮；降低对比度缩小人物面部反差，让面部的影调过渡得更加柔和；适当提亮阴影，这样操作可以进一步缩小反差，避免阴影过重。调整之后，放大人物面部可以看到有很多的瑕疵，包括黑头、暗斑等。单击界面右下方的"打开图像"按钮，如图 6-17 所示。

图 6-17

将照片在 Photoshop 中打开。
要去除人物面部的瑕疵，主要借助
工具栏中的污点修复系列工具。这
时，在工具栏当中选择"污点修复
画笔工具"，如图 6-18 所示。

图 6-18

在上方的选项栏当中，打开画笔调整面板，适当缩小画笔，并调整画笔的"硬度"以及"间距"，大多
数情况下"硬度"不易太高，一般要在 50% 以下，"间距"可以保持默认；"类型"设定为"内容识别"即
可，然后将鼠标指针移动到人物面部的瑕疵上，使用画笔覆盖住某些瑕疵，即让画笔略微大于要去除的瑕疵，
然后单击，这样就可以去除瑕疵，如图 6-19 所示。

去除瑕疵的原理是模拟瑕疵周边光滑的皮肤纹理，来填充瑕疵。主要模拟周边正常的肤色以及肤质来填
充和修复有瑕疵的部位。

图 6-19

　　在调整过程中，针对不同大小的瑕疵，要随时调整画笔的大小，调整的标准是画笔略大于要去除的瑕疵，但也不宜过大，否则会对周边正常的肤质造成干扰，如图 6-20 所示。

图 6-20

　　对于绝大部分光滑皮肤上的瑕疵，可以通过单击进行去除，但一些特殊位置上的瑕疵，处理时会比较麻烦。如果直接使用污点修复画笔工具在一些条纹上单击，虽然能够将瑕疵修掉，但是会产生新的干扰，导致瑕疵位置的纹理与周边的皮肤产生差别，不够真实、自然。

　　针对这种情况，我们需要在工具栏中选择仿制图章工具，适当缩小画笔，画笔大小的标准依然是之前我们讲解的略大于瑕疵。将"模式"设定为"正常"，"不透明度"为 100%，然后按住 Alt 键，在瑕疵周边正常的皮肤上单击，表示进行取样。后续可以用所取样位置的皮肤来填充和覆盖瑕疵位置。取样之后松开 Alt 键，将鼠标指针移动到要去除的瑕疵上并单击，这样即以正常的皮肤来覆盖瑕疵，实现很好的去除效果，如图 6-21 所示。

　　在人物面部条纹上的瑕疵需要使用仿制图章工具进行去除。取样时，沿着纹理的走向，在瑕疵上方或下方近处的纹理上取样，这样才能得到比较理想的效果。

图 6-21

使用污点修复画笔
工具、仿制图章工具可以
将人物面部一些明显的黑
头、瑕疵去除，得到相对
完美的面部肤质，如图
6-22 所示。

图 6-22

TIPS

ACR 中也有污点修复画笔工具，也可以用于处理人物面部的一些瑕疵问题。但 ACR 中的污点修复工具相比于
Photoshop 中的污点修复画笔工具以及仿制图章工具，其功能就不够理想了。一般来说，如果人物面部瑕疵较多，或比
较复杂，都要在 Photoshop 中进行处理。

171 人物肤色如何美白？

人像摄影的特殊之处在于后期需要对人物的肤色进行美白。美白的处理过程相对比较简单。

在Camera RAW滤镜中打开图 6-23所示人像照片，可以看到人物肤色偏黄、暗淡无光。

图 6-23

展开"混色器"面板，切换到"饱和度"选项卡，降低红色、橙色、黄色的值。一般来说，无论是哪一种肤色的人，其肤色中橙色的比例是比较大的，因此对于橙色的饱和度我们可以多降低一些。通过降低饱和度，人物的肤色会变浅，如图 6-24 所示。

图 6-24

接下来切换到"明亮度"选项卡，提高橙色和黄色的值，这相当于提亮了人物的肤色。因为肤色中红色、黄色和橙色比例比较大，且橙色的比例是最大的，所以将橙色的值调高。可以看到，通过调整，人物的肤色变白、变亮，如图6-25所示。

图6-25

172 如何用面部工具对人物面部进行精修？

对于人物五官等一些不太理想的对象，借助液化滤镜可以进行很好的调整，让人物的五官更加精美。

具体调整时，在 Photoshop 中打开"滤镜"菜单，选择"液化"命令，打开液化对话框，在左侧的工具栏中选择"面部工具"，此时界面右侧出现了大量可调整的参数，如图6-26所示。

图6-26

首先调整人物的眼睛。人物的眼睛可以调整得大一些，让人物更有神采。在"眼睛"栏中，首先单击左右两个参数中间的链接按钮，表示锁定两只眼睛并可以进行同样的调整。锁定之后拖动参数的滑块，可以看

到左右两侧的参数同时变化，表示左右两只眼睛同时变大或变小。这里提高"眼睛大小"的值，让人物的眼睛更加有神采，如图 6-27 所示。

图 6-27

本例中，人物的"三庭五眼"的比例是比较理想的，但瑕疵是人物正对镜头的腮骨有一些突出，可以进行适当的微调，而在面部工具中无法进行这种精细的调整。在工具栏中选择"推动工具"，在右侧的参数面板中设定合适的画笔"大小"以及"压力"等，然后将鼠标指针移动到人物突出的腮骨上点住并轻轻地向内收缩，可以让人物的腮骨线条更加漂亮，当然调整参数时可能要多试几次，如图 6-28 所示。初次使用这个工具的用户可能对于画笔大小以及压力大小的设定掌握得不是太理想，可以多试几次。

一般来说，画笔要设置得大一些，避免调整区域与未调整区域相接部位的线条出现扭曲，不够平滑。经过调整，可以将人物的五官调整到非常理想的程度。

图 6-28

173 牙齿与眼白如何美白？

一般来说，人物的牙齿白会让人物看起来更加漂亮、健康，人物的眼白如果非常白会让眼睛看起来更加清澈、纯净，而如果眼白和牙齿不够白，那给人的感觉自然不会太好。也就是说，可能只是眼白与牙齿的细节就会严重影响画面整体的效果。下面我们介绍美白眼白与牙齿的具体技巧。

首先我们在 ACR 中打开要调整的照片，可以看到人物的牙齿是有些偏黄的，而人物的眼白因为面积比较小，再加上并不算特别白，所以人物的眼睛轮廓显得不够清晰，如图 6-29 所示。

图 6-29

首先进行全图的调整。切换到"HSL调整"面板，在其中适当降低橙色的饱和度，这样可以让人物的肤色更加白皙。单击"打开图像"按钮将照片在 Photoshop 中打开，如图 6-30 所示。

图 6-30

打开液化对话框，在其中对人物的面部进行适当的调整。主要对面部形状比较夸张的腮骨进行修饰，可以看到调整之后人物的面部明显更加完美，如图 6-31 所示。

图 6-31

调整人物腮骨之后，一些部位变得不够平滑，这时在工具栏当中选择平滑工具，适当调整画笔大小，在腮骨部位进行涂抹。经过涂抹，可以看到腮骨部位明显变得更加平滑了。完成调整后单击"确定"按钮即可关闭液化对话框，如图 6-32 所示。

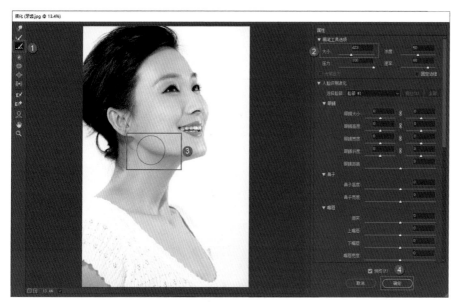

图 6-32

之后放大人物面部，可以看到人物的牙齿虽然非常干净但不够白。

调整时我们可以在工具栏当中选择"海绵工具"，如图6-33所示。

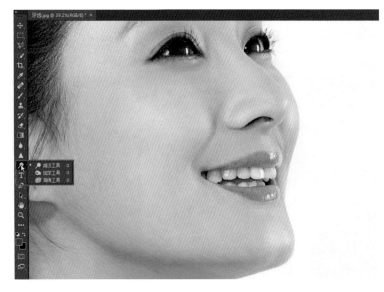

图 6-33

之后适当缩小画笔，将"模式"设为"去色"。"流量"尽量降低，一般在10%左右。去色模式是指通过海绵工具将所涂抹位置的颜色吸收掉，让颜色减轻。那么原有的对象自然会变得更加浅淡，即更白。设定好参数，用画笔在人物牙齿上涂抹，将原本偏橙色的牙齿涂抹得更加淡，如图6-34所示。

对牙齿进行去色处理后，可以发现人物的牙齿仍然不够白，那这时在工具栏中选择"减淡工具"。减淡工具的用途是进一步提亮要调整的牙齿。

调整画笔大小，"范围"主要是"中间调"，我们主要对牙齿上一般亮度的区域进行提亮；将"曝光度"设为10%左右。然后在牙齿上进行涂抹，之后可以看到牙齿上原有的一般亮度的区域被调亮了，牙齿整体变得更白，如图6-35所示。

图 6-34

图 6-35

只是稍微的调整就使人物牙齿整体变白。原照片中人物牙齿亮部与暗部反差比较大，牙的缝隙比较大，并且不够干净。调整之后人物牙齿的表现力就更加理想了，如图 6-36 所示。

对于远距离拍摄的人像写真来说，可能不太需要对牙齿进行美白，但对于商业室内人像写真来说，牙齿美白往往是必不可少，否则牙齿等的一些细节可能会破坏掉整个画面的表现力。

对于人物眼白的调整同样如此，这里就不过多介绍了。

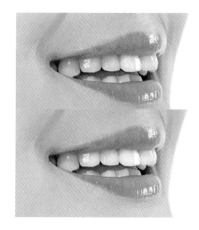

图 6-36

174 大眼袋如何处理？

一般的人像写真中，特别是女性人像写真，眼袋往往是比较大的问题。如果人物的眼袋面积较大，会破坏人物面部的美感。这就需要使用特定的工具来对人物的眼袋进行处理，让人物面部显得更加的干净。

首先打开图 6-37 所示照片。

图 6-37

经过调整，我们可以看到人物的眼袋得到了很好的处理，人物的面部显得更加干净，如图 6-38 所示。

图 6-38

　　直接在 Photoshop 中打开照片，画面整体还算令人满意，但仔细观察发现眼袋过于明显，破坏了整体效果，如图 6-39、图 6-40 所示。

图 6-39

图 6-40

　　按 Ctrl+J 组合键复制一个图层，在软件左侧的工具栏中选择"修补工具"，如图 6-41、图 6-42 所示。

图 6-41

图 6-42

在上方的选项栏中，设置修补的方式为正常。接下来利用修补工具选择人物的眼袋部位，如图6-43所示。

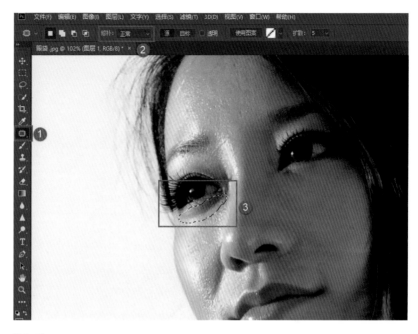

图6-43

将选择的眼袋部位向下拖动到眼袋下方肤色及肤质都比较正常的区域，然后松开鼠标，如图6-44所示。

图6-44

此时可以发现眼袋被适度地处理了，用同样的方法，对两只眼睛下方的眼袋都进行处理，如图6-45~图6-47所示。

图6-45

图6-46

图6-47

为防止效果不够自然，可以将图层的透明度适当降低一些，如图 6-48 所示。

图 6-48

待画面效果令人比较满意之后，合并图层，将照片保存即可。

175 红眼如何去除？

下面介绍去红眼的技巧。

红眼是指人物在比较昏暗的环境中时，瞳孔会放大以便看清暗处的景物，因为瞳孔只有放大，才能有更充足的进光量，但是瞳孔放大之后，突然采用闪光的方式进行拍摄，强烈的闪光会照射到人物瞳孔底部的毛细血管，最终导致拍摄出来的照片中的人物眼睛发红，这就是红眼现象。

我们可以对红眼进行调整。具体调整时，首先在 ACR 中打开照片，放大人物面部可以看到红眼现象非常严重，如图 6-49 所示。

图 6-49

在右侧工具栏中选择"红眼工具",然后将鼠标指针移动到人物的"红眼"上点住拖动,然后松开鼠标,软件会自动检测人物的红眼并进行处理,如图 6-50 所示。

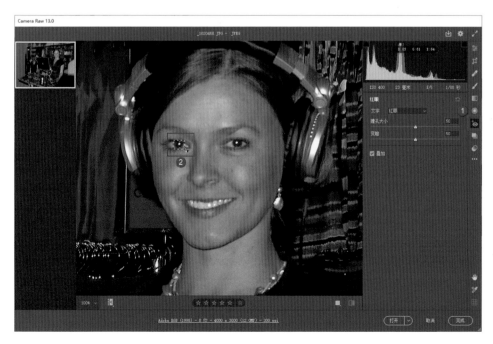

图 6-50

分别在两只眼睛上拖动鼠标，即可去除红眼，如图 6-51 所示。

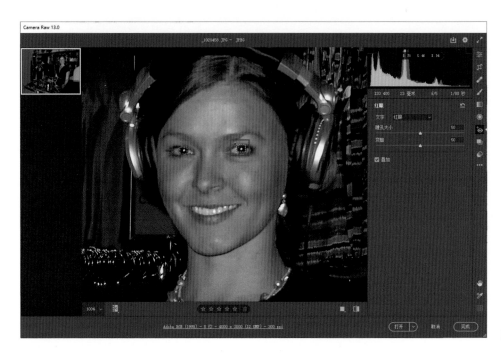

图 6-51

如果感觉去除得不是特别准确，仍然残留一些红眼，那么可以将鼠标指针移动到调整边线上，点住并拖动鼠标放大选区，这样可以进一步消除红眼，最终将人物的眼睛颜色调整为正常颜色，如图 6-52 所示。

图 6-52

176 如何用蒙版限定锐化区域？

调整完照片之后，在输出照片之前需要对照片进行一定的锐化处理。

锐化是指让人物的睫毛、鼻梁、鼻孔、嘴唇等的边缘部分变得更加清晰、锐利，使画质看起来更加理想。

在 ACR 中，锐化调整主要在"细节"面板中完成。针对这张照片，切换到"细节"面板，适当提高"锐化"的值。

在 ACR 中，锐化值不宜设置得过大，一般不要超过 70，这里我们设定为 45，这样可实现对照片全图的锐化，如图 6-53 所示。

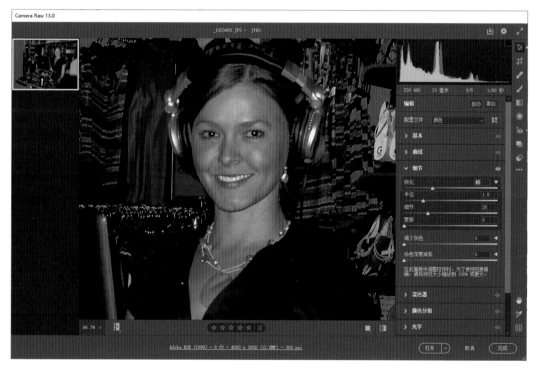

图 6-53

如果对一些平面部分进行锐化，会导致平面部分产生噪点，因此大多数情况下，只要对一些边缘部分进行锐化，就可以让照片整体看起来更加清晰。

全图锐化之后，在下方的蒙版参数中向右拖动"蒙版"滑块，可以限定锐化的区域。调整时按住 Alt 键再拖动滑块，就可以查看我们所锐化的区域。"蒙版"这个参数主要用于限定我们锐化的区域，可以看到白色为进行锐化的区域，黑色为不进行锐化的区域，确保有更柔和的画质，如图 6-54 所示。

图 6-54

经过调整之后，可以看到人物腮部、额头等区域未进行锐化，确保有平滑的画质，但人物的睫毛、发丝等部位进行锐化后，有更好的清晰度和锐度，如图 6-55 所示。

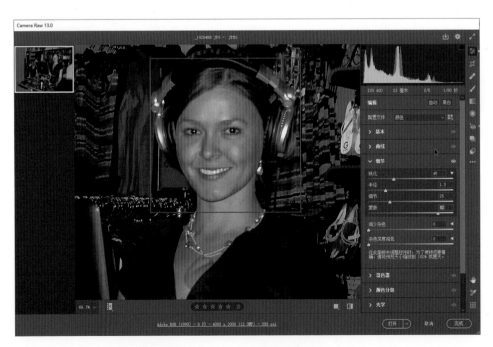

图 6-55

6.3
磨皮

177 模糊磨皮怎样操作？

先来看模糊磨皮的思路和技巧。

首先打开原始图片，可以看到人物面部肤质比较粗糙，如图 6-56 所示。

图 6-56

按 Ctrl+J 组合键复制一个图层，单击选中复制的图层，如图 6-57 所示。

图 6-57

打开"高斯模糊"对话框，在其中设定高斯模糊的半径为5左右，使人物面部刚好模糊，产生平滑的肤质效果，然后单击"确定"按钮，如图6-58所示。这样，之前我们复制的图层就有了模糊效果。

图6-58

这时按住 Alt 键并单击创建图层蒙版按钮，可以为上方的图层创建一个黑蒙版。如果不按住 Alt 键直接单击创建图层蒙版按钮，则会创建白蒙版，白蒙版是不会遮挡上方模糊图层的。

单击选中黑蒙版，然后在工具栏当中选择"画笔工具"，将前景色设为白色，适当缩小画笔。用画笔在人物面部需要磨皮的部分进行涂抹，可以让这些部分露出进行过模糊处理的效果，使这些部位变得非常光滑、白皙，如图6-59所示。

在处理过程当中，注意要随时调整画笔的大小。对于额头等较大的部分可以使用比较大的画笔进行涂抹，对于眉毛与睫毛中间的部分，往往需要使用较小的画笔涂抹。

图6-59

　　经过涂抹之后，可以看到人物额头部分的肤质变得光滑了很多，但是效果仍然不是特别理想，有些地方仍凹凸不平，因此我们可以再次进行磨皮处理。

　　按 Ctrl+Shift+Alt+E 组合键盖印一个图层，然后对盖印的图层进行高斯模糊处理。再次进行模糊处理时，可以适当增大模糊的半径，提高模糊的程度，然后单击"确定"按钮返回。

　　为上方的图层创建一个黑蒙版，然后再次使用白色画笔对需要磨皮的区域进行涂抹。经过两次磨皮处理之后，我们可以看到人物额头部分的皮肤变得非常的光滑、平整，如图 6-60 所示。至此，磨皮完成。

图 6-60

178 蒙尘划痕磨皮怎样操作？

　　高斯模糊比较适合对一些皮肤比较粗糙的人物进行磨皮处理。在一些欧美人像作品当中，如果人物面部痘痘、黑头、雀斑等比较多，使用高斯模糊磨皮会有非常好的效果。但对于肤质相对比较光滑的亚洲人来说，使用高斯模糊磨皮，可能会破坏人物皮肤的肤质纹理，导致画面显得失真。针对这种情况，如果要在 Photoshop 中进行磨皮，使用蒙尘划痕滤镜的效果会更好。

　　下面我们通过一个具体案例来看如何使用蒙尘划痕滤镜进行磨皮。

　　首先将照片在 ACR 中打开，在"基本"面板中，对照片整体的影调层次以及色彩进行微调，让画面整体显得更明亮，反差更小，人物皮肤显得更白皙。

　　适当进行色彩校正。

　　因为原照片整体比较偏黄，所以要适当降低色温值、降低色调值，让画面色彩更准确，调整之后单击"打开图像"按钮，在 Photoshop 中打开照片，如图 6-61 所示。

图 6-61

按Ctrl+J组合键复制一个图层,单击选中复制的图层,打开"滤镜"菜单,选择"杂色"中的"蒙尘与划痕"命令,如图 6-62、图 6-63 所示。

图 6-62

图 6-63

打开"蒙尘与划痕"对话框，在其中将阈值设定为2，半径值设定为8，这样基本上刚好模糊人物，并保留人物的整体轮廓。这里的参数值只适合本案例，在不同的照片中，读者要根据具体情况进行参数的设定。设定好之后，单击"确定"按钮，如图6-64所示。

单击选中上方已经利用蒙尘与划痕进行过处理的图层，然后按住Alt键单击添加图层蒙版按钮，为图层添加一个黑蒙版。

图 6-64

单击选中黑蒙版，选择"画笔工具"，将前景色设为白色，调整画笔大小，将画笔的不透明度设定为40%左右，然后在人物面部需要进行磨皮的部分进行涂抹，注意要避开睫毛、眉毛、鼻孔以及嘴唇等部分。

放大后可以看到，经过磨皮处理的部位画质是非常细腻、光滑的，如图6-65所示。最终照片处理完成。

图 6-65

179 调整画笔磨皮怎样操作？

调整画笔磨皮是非常简单的一种磨皮方式，操作非常简单，并且比较容易理解，但是这种磨皮效果通常看起来不是那么理想，对于一般的人像摄影来说稍能满足要求，但对于商业级的人像磨皮，它是不能满足要求的。因为本书主要针对的是一般的摄影爱好者，所以我们依然要介绍人像摄影中磨皮方式的具体操作。

首先在 ACR 中打开要磨皮的人像照片，因为图 6-66 所示照片我们已经进行过处理，它的影像和色调都变得比较理想，最后输出之前可以进行磨皮。

图 6-66

打开之后，在工具栏中选择"调整画笔工具"，稍稍提高曝光值，降低对比度值，提高阴影值，降低清晰度值，适当缩小画笔，然后在人物面部光滑的皮肤区域进行涂抹。涂抹时，要随时调整画笔的大小，避开人物的睫毛、

眼睛、嘴唇、鼻孔等部位，不对这些区域进行调整，保持这些区域的锐度，而只对光滑的皮肤部分进行调整，这样可以让人物的肤色变得白皙，皮肤变得光滑，如图 6-67 所示。

图 6-67

对于眉毛与睫毛之间的部分，要缩小画笔进行涂抹，确保磨皮效果更加精确，如图 6-68 所示。

图 6-68

调整过后，如果感觉效果不是特别明显，人物的皮肤仍然不够平滑，那么可以确保工具处于激活状态，稍稍改变磨皮参数，最终让磨皮的效果更加明显，如图 6-69 所示。

图 6-69

　　磨皮完成之后，切换到视图对比界面，对比磨皮前后的效果，可以看到磨皮之后人物的皮肤更加光滑，如图 6-70 所示。

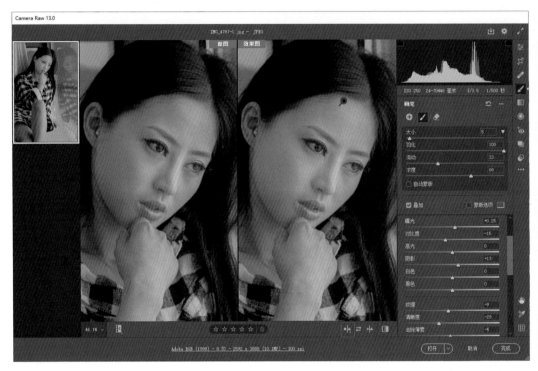

图 6-70

180 Portraiture磨皮怎样操作？

　　Portraiture 是一款非常专业的磨皮软件，它的功能强大，并且磨皮的效果非常理想，下面进行介绍。

　　本案例的照片我们已经进行过处理，是修复人物眼袋的照片。但实际上这张照片中人物面部的光线比较生硬，采用一般的磨皮方法无法实现很好的效果，所以借助于专业的第三方磨皮滤镜进行磨皮。

　　首先按 Ctrl+J 组合键复制一个图层，如图 6-71 所示。

图 6-71

选中上方复制的图层，打开"滤镜"菜单，选择"Imagenomic"中的"Portraiture 3"，如图 6-72 所示。进入 Portraiture 磨皮滤镜界面。

图 6-72

左侧是磨皮滤镜的参数，第一组参数主要用于对人物肤质进行磨皮，第二组参数主要用于对人物的肤色进行一些微调，第三组参数用于强化磨皮效果。

通常情况下，这三组参数均设定开启。第一组参数默认是开启的，第二组参数和第三组参数需要用户手动单击面板中的"On"按钮将其打开，如图 6-73 所示。

图 6-73

图 6-74 为汉化版的界面截图，其可以帮助大家理解各种参数。大多数情况下，我们没有太大的必要掌握每一个参数，磨皮时只要反复拖动这些参数的滑块，让人物的肤质调整到一个相对比较理想的程度即可。

图 6-74

调整完成之后，单击"OK"按钮，返回 Photoshop 工作界面。返回之后，为上方的图层创建一个黑色蒙版，如图 6-75 所示。然后选择"画笔工具"，将前景色设为白色，用画笔在人物的额头、腮部、颈部、胳膊等需要磨皮的区域涂抹，将这些区域的磨皮效果呈现出来。

这样就完成了这张照片的磨皮，最后拼合图层，将照片保存即可。

图 6-75